EPC 项目造价管理

EPC XIANGMU ZAOJIA GUANLI

编 著 张江波

西安交通大学出版社
XI' AN JIAOTONG UNIVERSITY PRESS

内容简介

本书在研究过程中，结合EPC模式的特点论述了该模式下各个阶段工程造价管理的重点和方法，并进一步提出贯穿EPC项目全过程工程造价集成管理的方式。EPC各个阶段管理内容是不同的，因而每个阶段造价管理侧重点也是不同的，本书引入了主流的造价管理方法及其他领域的理论和方法，强调从集成角度来分析如何做好设计、采购及施工为主的各阶段工程造价管理，重点分析以“并行工程”理论方法发挥设计的主导作用，并以“设计—采购—施工”的过程集成、组织集成、信息集成来实施工程造价集成管理。

全书共六章，其内容主要包括：EPC项目造价管理概述、EPC项目造价管理现状分析、EPC设计阶段工程造价管理、EPC采购阶段工程造价管理、EPC施工阶段造价管理、基于BIM的工程造价管理等。本书可作为本科院校及高职院校土建类相关专业的课程教材，也可作为建筑行业的管理人员和技术人员学习参考用书。

图书在版编目(CIP)数据

EPC项目造价管理/张江波编著.—西安：西安交通大学出版社，2017.10(2023.2重印)
ISBN 978-7-5605-8428-7

Ⅰ.①E… Ⅱ.①张… Ⅲ.①建筑工程-承包工程-工程造价 Ⅳ.①TU723.3

中国版本图书馆CIP数据核字(2017)第266249号

书　　名 EPC项目造价管理
编　　著 张江波
责任编辑 祝翠华

出版发行 西安交通大学出版社
(西安市兴庆南路1号　邮政编码710048)
网　　址 http://www.xjtupress.com
电　　话 (029)82668357　82667874(市场营销中心)
(029)82668315(总编办)
传　　真 (029)82668280
印　　刷 西安日报社印务中心

开　　本 787mm×1092mm　1/16　**印张** 11　**字数** 265千字
版次印次 2018年1月第1版　2023年2月第7次印刷
书　　号 ISBN 978-7-5605-8428-7
定　　价 35.60元

如发现印装质量问题，请与本社市场营销中心联系。
订购热线：(029)82665248　(029)82667874
投稿热线：(029)82668526
读者信箱：BIM_xj@163.com

前言

Preface

伴随国际承包市场的快速发展，工程项目建设的管理方式日趋多样化、科学化、高效化以及集成化，其中，集成化已成为现代工程项目管理的显著特征之一，而EPC模式正是以集成化这一优势逐渐得到业主的认可与重视，并在全球承包市场上逐渐推行。与传统的DBB模式相比，EPC这种模式能显著加快项目实施进度、提高工程实施质量、降低工程造价以及缩小业主管理范围，逐渐在众多项目管理模式中脱颖而出。特别是2017年2月24日国务院办公厅发布的《关于促进建筑业持续健康发展的实施意见》，明确提出要加快推行工程总承包模式。

本书在编写过程中，结合EPC模式的特点论述了该模式下核心阶段工程造价管理的重点和方法，并进一步提出贯穿EPC项目的全过程工程造价集成管理方式。EPC各个阶段的管理内容是不同的，因而每个阶段造价管理的侧重点也是不同的。本书引入了主流的造价管理方法及其他领域的理论、方法，强调从集成角度来分析如何做好设计、采购及施工为主的各阶段工程造价管理，重点分析以“并行工程”理论为指导的EPC项目实施方法，发挥设计在EPC项目中的主导作用，并以“设计—采购—施工”的过程集成、组织集成、信息集成来实施工程造价集成管理。全书共六章，其内容主要包括：EPC 项目造价管理概述、EPC 项目造价管理现状分析、EPC 设计阶段工程造价管理、EPC 采购阶段工程造价管理、EPC 施工阶段造价管理、基于 BIM 的工程造价管理等。

本书由汉宁天际工程咨询有限公司张江波编著，江西中煤建设集团有限公司谭光伟、金中证项目管理有限公司方钧生、广东中量工程投资咨询有限公司何丹怡、上海国际旅游度假区工程建设有限公司顾靖、海天工程咨询有限公司韩江涛、江苏启越工程管理有限公司王瑞镛做了大量工作。

在编写的过程中，编者广泛参考了大量的同类著作、教材和教学参考书，在此对相关作者表示衷心的感谢。由于编者水平有限，本书难免有不当或疏漏之处，恳请广大读者提出宝贵意见。

编　者

2017 年 10 月

目录

Contents

第1章

EPC项目造价管理概述

1.1 EPC模式概述

1.1.1 工程项目管理模式概述

当今工程项目管理模式中具有代表性的有设计—招标—施工(design-bid-building,简称 DBB)管理模式、设计—采购—施工(engineering-procurement-construction,简称 EPC)模式、设计—建造(design-building,简称 DB)模式、BOT(build-operate-transfer)模式、PMC(project-management-contract)模式、PPP(public-private-partnership)模式、代建制项目管理模式等。国外工程项目中常用的管理模式有 EPC 模式、DB 模式、BOT 模式,而我国运用最为成熟的是 DBB 模式,其中 EPC 模式也逐渐地广泛推行,代建制模式、BOT 模式的运用也在不断增加。由于建设项目管理模式存在的多样化,业主要想尽快实现项目的预期目标可根据实际工程的要求来选择最为合适的管理模式。

工程项目管理的不断发展和完善促使建设项目管理模式的多样化发展。目前,工程项目管理的特征除了规范化、专业化还呈现出项目管理的理论和方法的现代化、科学化以及项目管理的国际化、信息化、集成化等特点。值得一提的是,可持续发展战略和以人为本的科学发展观受到国内外社会普遍重视,为工程项目管理注入了新的元素和理念,提出了新的要求和挑战。

当今工程项目管理基于生产方式的变革使其进入了提升企业综合服务能力的新方向。伴随建设项目管理模式种类的多样化发展,我国建筑业也在不断适应这种变化,使得国内建设行业的投资持续增长,建筑服务市场也在不断扩大,如我国大力提倡 EPC 模式、BOT 模式、代建制模式等新型管理模式在全国范围内的采用,正是顺应了现代工程项目管理发展的新走向。

伴随国际承包市场的快速发展,工程项目建设的管理方式日趋多样化、科学化、高效化以及集成化,其中,集成化已成为现代工程项目管理的显著特征之一,而 EPC 模式正是以集成化这一优势逐渐得到业主的认可与重视,并在全球承包市场上逐渐推行。与传统“设计—招标—施工”平行发包模式(即 DBB 模式)相比,EPC 这种模式能显著加快项目实施进度、提高工程实施质量、降低工程造价以及缩小业主管理范围,逐渐在众多项目管理模式中脱颖而出。据相关统计数据显示,如今美国的工程合同采用 EPC 总承包模式的比例超过 50%,国际上超过 80%的大型项目采用 EPC 总承包模式,而技术要求高、建设规模大、风险大的建设工程项目,例如石油化工、冶金、电力等建设项目采用 EPC 总承包模式的比例甚至已经接近 100%。从营业收入看,在全球的最大 225 家国际承包商中,排名前列的工程公司都受益于 EPC 模式工程项目的总承包。在我国,EPC 模式作为一种较新的项目管理模式也得到了成功运用,逐渐成为我国建设行业重点培育及发展的对象。

工程总承包市场是一个国际化高端市场,其工作内容已远远超出传统的工程施工和安装,扩展到投资策划、工程设计、工程咨询、项目融资、物资采购以及试运行等涉及项目全过程、全方位的服务,发展为集成产品贸易、采购贸易和服务贸易的综合体。工程总承包蕴含的“设计—施工”一体化理念以其集成能力和价值创造能力成为现代工程项目管理模式的主要思想。

1.1.2 EPC模式的含义、运作过程及优缺点

1. EPC模式的含义

工程总承包是业主项目管理中的一种组织实施方式，也是一种承发包方式。所谓工程总承包，就是从事工程总承包的企业(以下简称工程总承包企业)受业主委托，按照合同约定对工程项目的勘察、设计、采购、施工、试运行(竣工验收)等实行全过程或若干阶段的承包。总承包商负责对工程项目进行进度、费用、质量、安全管理和控制，并按合同约定完成工程。

即根据合同要求，总承包商对工程的设计阶段、采购阶段、施工以及试运行阶段全过程的工作进行承包，最终向业主提交一个满足使用功能、具备使用条件、达到竣工验收标准以及符合合同要求的工程项目，并对工程的进度、质量、费用和安全等全面负责。

在工程总承包模式下，通常是由总承包商完成工程的主体设计；允许总承包商把局部或细部设计分包出去，也允许总承包商把主体以外工程的施工全部分包出去。所有的设计、施工分包工作等都由总承包商对业主负责，设计、施工分包商不与业主直接签订合同。

工程总承包的分类如表1-1所示。

表1-1 工程总承包的分类

	工程项目建设程序						
	项目决策	初步设计	技术设计	施工图设计	材料设备采购	施工	试运行
交钥匙总承包(turnkey)	——	——	——	——	——	——	——
设计—采购—施工总承包(engineering-procurement-construction)		——	——	——	——	——	——
设计—施工总承包(design-building)		——	——	——		——	
设计—采购总承包(engineering-procurement)		——	——	——	——		
采购—施工总承包(procurement-construction)					——	——	
施工总承包(general contractor)						——	

EPC是“engineering-procurement-construction”的缩写，含义是业主把整个项目的设计、采购和施工工作承包给一个总包商，由总承包方依据合同要求的工期、质量、造价交付合格的项目产品，即所谓的“交钥匙工程”。

EPC模式是由业主将项目的设计和施工交给总承包商的一种模式。在这种模式中，

EPC总承包商负责工程项目的设计、施工、试运行，同时负责整个工程的总成本。该模式的概念侧重于承包商的全过程参与性，承包商作为除业主以外的主要责任方参与工程所有设计、采购及施工。他可以利用自己的能力对工程项目进行设计和施工活动，自行选择设计公司承担完成设计工作，之后可以采用招标的形式，选择材料和设备供应商以及施工承包商。在工程项目管理中，设计、采购及施工分别包括的主要内容见表1-2。

表1-2 EPC的基本含义

设计(E)	采购(P)	施工(C)
基本设计 详细设计 扩大详细设计 设计分包	材料采购 设备采购 施工、设计分包	工程施工 设备安装 HSE(健康、安全、环保) 施工分包

EPC管理模式将传统DBB管理模式下各阶段的分段管理转变为整体实施的集成管理，有利于从全局角度形成“设计—采购—施工”管理的整体最优，突出EPC这种模式自身特有的集成化管理优势，有利于总承包商对EPC项目工程造价实施集成管理。

总承包模式下发包人与设计分包商没有合同关系，而是将设计及施工全权交给承包商。承包商就设计分包商的设计向发包人负责。此外，还有一些比较成熟的承包商，无需将设计进行分包，而是自行完成设计工作，这种情况下承包商就自己的设计向发包人负责，所以在总承包模式下，发包人的合同管理工作相对轻松，就工程的任何问题都只需直接同承包商交涉。

2. **EPC模式的运作过程**

EPC总承包的各阶段没有明晰的时间界限，而是相互交叉、相互搭接的过程。项目的运作过程通常如图1-1所示，图中可以看出各阶段的开始和完成情况。

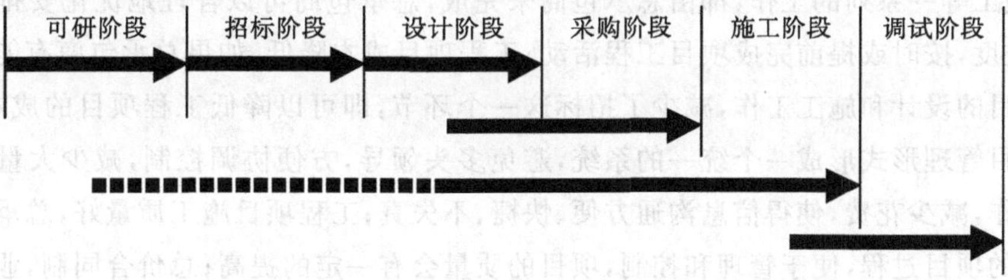

图1-1 EPC项目运作过程

EPC工程项目管理过程分为39个子过程，按属性被划分为5个过程组(如图1-2所示)，即：

(1)启动过程组：证实项目可以启动，并批准组织实施。

(2)策划过程组：对项目或阶段进行策划，并形成项目计划。

(3)实施过程组：协调人员和其他资源，执行项目计划。

(4)控制过程组:测量和监控,必要时采取纠正措施。

(5)收尾过程组:项目被正式接收,并达到有序结束。

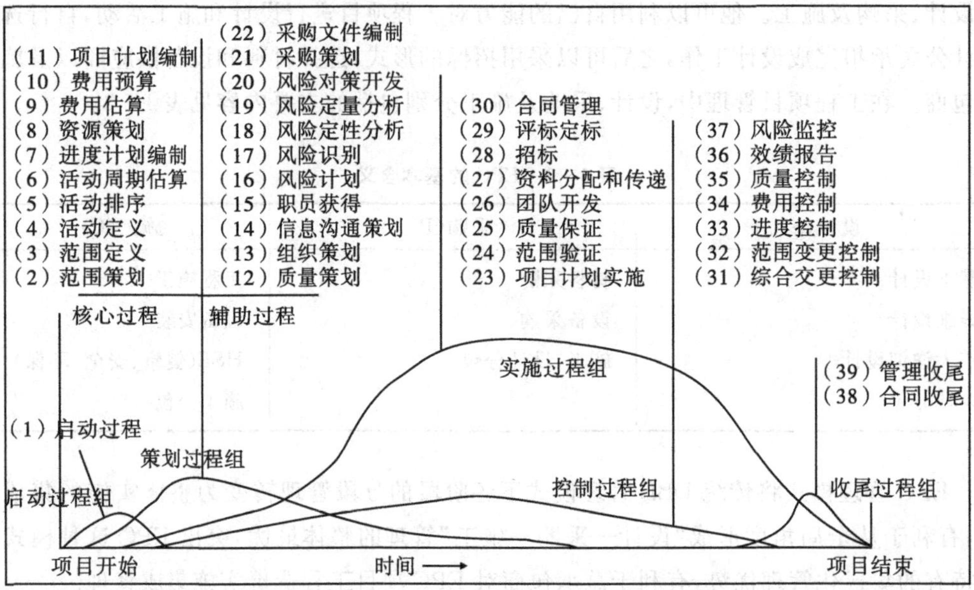

图 1-2　EPC 项目运作过程中的细化子过程

3. EPC 模式的优缺点

(1)EPC 模式的优点。

EPC 模式下,业主承担责任和风险较小,业主只需提出项目的大体概念,采用招标形式选择合适的总承包商,并由总承包商负责进行工程项目前期的可行性研究,其中总承包商承担工程项目的风险,业主只需进行整体管理,工作量极少,相应承担的责任和风险也少;工程项目工期缩短,总承包商在投得项目之后,从项目的可行性研究开始,再到项目的设计、施工等一系列的工作,都由总承包商来完成,总承包商可以合理地优化安排项目的时间、进度,按时或提前完成项目工程活动;工程项目成本降低,如果总承包商有能力可以完成项目的设计和施工工作,减少了招标这一个环节,即可以降低工程项目的成本,而且整个项目管理形式形成一个统一的系统,避免多头领导,方便协调控制,减少大量重复的管理工作,减少花费,使得信息沟通方便、快捷、不失真;工程项目施工质量好,总承包商负责完整的项目过程,便于管理和控制,项目的质量会有一定的提高;总价合同制,业主和总承包商签订的合同类型,可以避免不确定的因素而引起的价格调整。

(2)EPC 模式的缺点。

EPC 模式需要有能力的总承包商来执行,国内目前高质量的、全面的总承包队伍还很少;工程项目的质量控制、工期控制以及成本控制都由总承包商来管理,风险也需要由总承包商来承担;业主对项目的控制较少,整个项目主要由承包商来实施控制管理,这样削弱了对承包商的监督力度;在 EPC 模式下,出于对各个方面的考虑,承包商给出的项目估价要高于传统模式下的估价,过高的估计会使整个项目的可行性降低。

1.1.3 EPC模式与DBB模式的比较

1. DBB模式的含义

DBB模式，即设计—招标—施工模式，这种模式首先由业主先委托建造咨询师进行项目前期的评估、设计和规划，待相关工作完成之后，再根据项目的性质，通过招标工作选择相应的工程承包商，这种模式是国际上比较通用的模式。在DBB模式中存在三方主体：工程业主方、设计方以及工程承包商。业主分别与设计方、工程承包方签订合同。DBB模式的组织结构如图1-3所示。

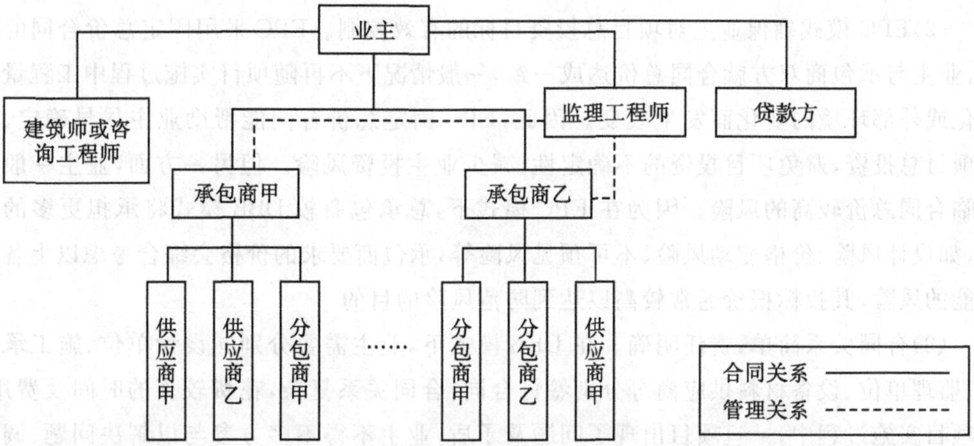

图1-3 DBB模式的组织结构

DBB模式下，设计工作由具有相应资质的专门设计单位完成，在施工图通过审核后，施工单位再按图施工。在这种模式下，设计人员同施工单位没有直接的合同关系，承包商对于设计的疑问或者建议只能通过发包人向设计人转达。设计人对于设计缺陷等问题向发包人负责，在施工过程中要负责向发包人及施工单位进行设计交底、处理设计变更和参加竣工验收。

2. DBB模式的优缺点

(1)DBB模式的优点。

DBB模式可以使三方的权利、责任、利益分配明确；业主选择咨询工程师对项目进行前期的评估会侧重于选择质量过硬的设计咨询机构，选择的设计咨询机构管理会相对比较成熟，这就使项目前期的评估准确度更精确，大大减少了合同方面的纠纷；业主选择的设计方和施工方是相互独立的，这样就使得这两方可以相互监督，确保项目的质量；业主采用招标的方式来选择施工承包方，以达到节约成本的目的。

(2)DBB模式的缺点。

由于DBB模式需按照线性顺序，分阶段地进行设计、招标、施工，其建设周期长，投资成本不容易控制；业主选择咨询管理机构，使项目前期费用增多，业主单位管理的成本较高；业主与建筑师、工程师、施工承包商之间协调比较困难，由于施工承包商无法参与设计工作，设计的“可施工性”较差，变更频繁，出现事故之后责任划分不明确，而且变更时容易引起较多的索赔，使业主利益受损。

3. **EPC 模式与 DBB 模式比较体现出的特点**

(1)EPC 模式包含了从设计到试运行的所有工作，针对各个阶段的工作是全过程控制和统一组织、统一策划、统一协调的；如设计阶段是 EPC 管理的核心阶段，可将采购和施工因素同时纳入设计过程，有效控制设计变更和返工的发生，确保设计的高质量、高效率；而在 DBB 模式下，设计与施工是由两个相互独立主体的承担，无法做到“设计—施工”的并行管理。

(2)EPC 模式确保业主对项目总投资目标的有效控制。EPC 采用固定总价合同的形式，业主与承包商双方就合同总价达成一致，一般情况下不再随项目实施过程中工程量的变化或外部环境的变化而发生改变。因此，EPC 固定总价合同能帮助业主尽早确定、控制项目总投资，避免项目投资的不确定性，减少业主投资风险。但另一方面，业主一般会面临合同总价较高的风险。因为在 EPC 模式下，总承包商较 DBB 模式将承担更多的风险，如设计风险、价格变动风险、不可预见风险等，承包商要求的价格会综合考虑以上各种可能的风险，其投标报价通常较高以达到防范风险的目的。

(3)合同关系简单，责任明确。在 DBB 模式下，业主需要分别同设计单位、施工承包商、监理单位、设备材料供应商等分别签订合同，合同关系复杂，花费较多的时间及费用，在项目实施过程中，一旦项目出现了问题及矛盾，业主不得不多方参与以解决问题、调解冲突，同时面临设计和施工就承担问题的责任相互推诿的情况，这给业主带来了繁杂的工作以及很大的困扰，加大了业主的参与度和管理难度。EPC 模式下，业主一般只需与总承包商签订合同，合同关系简单，责任划分明确。这种模式不仅减少了工程实施中争议和索赔发生的几率，更重要的是减少了业主对工程项目的参与度，使其管理难度明显降低，有效减少项目实施过程中产生的交易费用，使业主只需掌控整个项目的进度实施情况即可。

(4)EPC 模式为总承包商提供更大的价值创造空间。EPC 模式可以使总承包商在项目实施过程中将设计与采购、施工进行集成管理，以设计为核心前提下，使各项工作交叉搭接以缩短工期，使项目总成本得到降低；其次，总承包商通常自行承担设计工作，在设计同时可考虑施工的可行性，使得设计人员和施工人员之间的工作有了一定交集，预防施工过程中发生的设计变更，做到变更的事前控制，减少由施工中频繁的变更带来的额外费用，从而弥补了 DBB 模式下由设计和施工相脱离而导致项目成本增加的不足；再次，总承包商在设计阶段充分考虑影响下游阶段顺利实施的各种因素并采用限额设计、价值工程及集成管理等现代化方法、手段，预防风险发生，提高设计质量，促进技术革新，为项目创造更大价值。

(5)EPC 合同模式是一种快速跟进方式(阶段发包方式)的管理模式，EPC 合同模式与过去那种等设计图纸全部完成之后再进行招标的传统的连续建设模式不同，在主体设计方案确定后，随着设计工作的进展，完成一部分分项工程的设计后，即对这一部分分项工程组织招标,进行施工。快速跟进模式的最大优点就是可以大大缩短工程从规划、设计到竣工的周期,节约建设投资,减少投资风险,可以比较早地取得收益。一方面整个工程可以提前投产,另一方面减少了由于通货膨胀等不利因素造成的影响。EPC 合同模式下承包商对设计、采购和施工进行总承包,在项目初期和设计时就考虑到采购和施工的影响,避免了设计和采购、施工的矛盾,减少了由于设计错误、疏忽引起的变更,可以显著减少项目成本,缩短工期。设计、采购和施工的协调界面从传统的外部接口转变为内部接口,可以加快项目的进度。

(6)在 EPC 合同下,上述传统合同模式中的外界(包括自然)风险、经济风险一般都要求承包商来承担,这样,项目的风险大部分转嫁给了承包商。对承包商来说,承担 EPC 项目无疑是对自己管理水平的一项挑战,充满了高风险,也带来高收益的机遇。如果一个承包商善于控制和处理这些风险,就能最大限度地将投标报价中的风险费转化为利润,在工程承包的大市场上发展和壮大。

(7)EPC 项目的管理方式不同于传统的管理方式,EPC 合同的管理方式与传统的采用独立的“工程师”管理项目不同,业主对承包商的工作只应进行有限的控制,一般不进行干预,给予承包商按他选择的方式进行工作的自由。

(8)EPC 项目的管理中业主根据项目的初步设计提前锁定工程建设项目的投资,回避了价格、工程量变化、设计变更的风险,更有利于业主控制投资概算。业主对总承包商的招标以功能性招标为主。只要业主有少量的高素质人员即可完成项目的管理,不需要设立庞大臃肿的项目管理队伍。

(9)EPC 项目的管理业主通过招标选择总承包商,使 EPC 项目管理更加专业化,保证了项目的最优化管理,业主只要管理质量的监管与确认、设计条件的认可、采购行为的认可、现场的外部协调、费用的确认和重大变更的签认等工作即可。

(10)我国针对 EPC 的相关规定还不健全,大家熟悉的习惯的合同、招标模式、费用控制、进度控制思路、方法及标准文本不再完全适用,EPC 模式下更适用于 FIDIC 条款,而不是建设部颁发的合同文本。

1.1.4 EPC 模式的基本原则

通过分析国外和国内工程实践,我们可以概括出如下 EPC 模式实践过程的一些基本原则。

1. 高效从简原则

研究 EPC 模式,首先需要了解的是该种模式产生的市场背景和目的。我们认为 EPC 模式主要是源于业主希望减轻建设程序的管理负荷与压力的初衷,并通过减少管理主体、管理环节、提高对总承包人的要求、提高收益回报、总体风险包干的方式来实现合同目的的。

在传统的施工总承包合同中均设置了工程师,在国内我们通常称为监理人,有的项目还另外设置了项目管理人,一般情况下均赋予了工程师非常多的权利和义务,实际上工程师在施工总承包合同中是发包人在总承包合同履行过程中的技术经济工作的专业代理人。由于存在这样一个主体,因此在施工总承包合同履行过程中不可避免地需要增加工程师与业主、工程师与总承包人之间的往来工作和协调,众多的管理流程,如指令、变更、索赔、竣工、结算等环节均因此而需要增加大量的中间环节,如此势必导致效率下降,时间延长。而在FIDIC合同文本中,典型的EPC交钥匙合同并没有设置工程师,这种做法的目的就是为了尽可能地减少合同履行过程中的主体,以及主体之间的工作往来,将全部工作内容交给总承包人去负责完成,从而节约管理程序,提高运行效率。

EPC合同的这一原则,从根本上是为了解决减少业主负担、释放业主管理压力的问题。同时通过选择有经验和能力的高水平总承包商来完成业主的预期目标。

2. **固定业主风险原则**

尽管在传统的施工总承包合同模式中也存在固定总价和固定单价等固定合同价格风险的形式,但是由于传统施工总承包中承包人无法参与到设计当中,因此必然会出现业主提出变更的情况,一旦出现业主变更就需要对工程的工程价款以及工期进行调整。实际上往往无法达到固定工程价款的初衷,因此绝对不可调的固定总价合同比较少见的,目前常是暂估价加上洽商变更的合同价款形式。

而在EPC模式中,业主与总承包人签订EPC合同,把建设项目的设计、采购、施工服务工作全部委托给工程总承包商负责组织实施,业主只负责整体的、原则的、目标的管理和控制。设计、采购和施工的组织实施是由工程总承包人统一策划、统一组织、统一指挥、统一协调和全过程控制的。只要不涉及业主要求的变更,施工总承包中出现的设计变更等问题在EPC模式下其风险均应由工程总承包人承担。从而业主风险在合同签订之初就可确定下来,工程实施过程中,业主工程价款以及工期风险也可以得到更好的控制。

3. **总承包人高度协调原则**

在EPC模式下业主只需提出业主要求,当签订合同后,工程的具体实施均由工程总承包人负责,包括勘察、设计、采购和施工等具体工作全部由工程总承包人承担。工程总承包人可以按照业主要求,具体协调参与工程的各个单位的工作进度以及工作流程,可以极大地提高工程实施的效率,最大限度地降低工程成本保证工期目标。

4. **高回报原则**

在EPC模式下,工程总承包人承担了大部分的工作内容以及风险,但回报相应地也是比较高的;业主介入具体的组织实施程度较低,总承包商更能发挥主观能动性,运用其管理经验创造更多的效益。

1.2 工程造价管理概述

中华人民共和国成立后的很长一段时间,我国建筑工程造价的计价模式一直是采用定额计价制。在定额中分专业成册,每册定额又对相应工作范围划分不同的分部分项内容,工程人员按照分部分项统计出工程量,套用相应定额子目形成直接费,继而依据国家相关规定计取企业管理费、现场经费、措施费、预计利润和税金，再加上少量的材料调价系数和暂估费用，汇总叠加形成工程预算价格或标的价格。此方式一直使用多年，是与我国的计划经济体制紧密相关的，凡事都按计划分配，包括人力、物力、财力，这种方式虽然便于国家整体调控与分配，但不能提高企业的生产积极性。例如，业主方要公开招标，各方都按照同样的图纸、同样的算量规则进行计算，所算的工程量就是一致的；按照同样的定额套出的工程直接费也是一样的；最后计取费用的标准也是国家规定的，也就是说，每一项都是规定好的，虽然都有据可循，但却不能体现出不同施工企业的能力状态，因此为业主增加了选择难度，施工方也缺少积极性，容易产生降低自身的职业道德去谋取高额利润的现象。虽然定额计价制存在着一些弊端，但在当时的社会环境还是为各类投资项目进行了较好的成本指导。

在我国经济体制逐渐从计划经济向市场经济转型的过程当中，在定额计价制的基础上又产生了我国特有的清单计价模式。市场上的材料、设备、机械、人力等价格已不再由政府作统一的调控和分配，所以定额上的定价就会与实际市场价格不符，有时还会相差甚远，若按定额价格套取工程费用，所得费用就会有误，达不到对工程造价整体控制的作用，所以我国顺应国际形势，采取清单计价的方式。这种模式为“量价分离”模式，即由政府建设主管部门负责统计核算每个子目的人员用工量、材料消耗量、机械台班数量，实现国家对工程建设的一个宏观质量控制标准，由工程造价主管部门按照市场价格的变动定期发布人员用工、材料、机械的指导价格，成为市场的基准价格。改革后的工程计价模式相较之前，可以让承包方通过人工、材料、机械的报价不同，体现出各方的优缺点。这种对工程量的严格控制、人材机价格的指导、部分费率可进行竞争的形式目前处于我国的主导计价模式，但其与国外的完全市场经济模式还是存在很大差距。

工程量清单计价方法在全球已被广泛运用，并被使用约100年之久，已形成了一套相对完善、科学和有效的计价模式，例如在英国，一般的建筑工程在招标时都会由工料测量师(quantity survayor)按照SMM (standard method of measurement of building works)工程量计算规则来编制工程量清单，其具体是由分部工程概要(preambles)、开办费(preliminary)、工程量部分(measured work)、暂定金额(provisional sum)，不可预见费(contingency；SMM7中未提及，实际应用中经常出现)、主要成本(prime cost)、汇总(collections and summary)这几部分组成。这种计价模式最主要的就是工程量计算规则的制定，在1992年由英国皇家特许测量师学会CRLCS颁布的第一版建筑工程量标准计算规则，经过几番修订，后一直沿用1988年第七版(SMM7)，其将工程量划分为23个部分，较为全面地涵盖建设全过程的造价计算和招投标工作，并且这种计算规则在英联邦地区广泛使用。

1.2.1 工程造价管理的基本内涵

工程造价的有效控制，就是在优化设计方案、建设方案的基础上，在工程建设的各阶段，采用一定的方法和措施，把工程造价的发生额控制在合理的范围或核定的造价限额内，以求合理使用人力、物力、财力，取得较好的投资效益和社会效益。

可从两种角度来认识与理解工程造价：从业主的角度，工程造价指的是建设工程的全部投资费用，即一项工程的建成，预期或实际支付的全部固定资产投资费用；从承包商的角度，工程造价指的是一项工程的完成，预计或实际在设备市场、土地市场、劳务市场等交易活动中形成的建设工程价格，即通常所说的工程承包价格。

工程造价管理是利用科学的管理方法和先进的管理手段对影响造价的资源和因素进行的组织、计划、控制和协调等系列活动，实现造价确定与控制的目的，做到技术与经济的统一，提高经营和管理的水平，其主要包含以下几个方面的内容：

1. 工程造价限额的确定

工程项目建设过程是一个周期长、资源消耗量大的生产消费过程，受各种因素的影响和条件的限制，因此，工程造价限额的确定是随着建设项目各个阶段的深入，由粗到细分阶段设置，由粗略到准确逐步推进。投资决策阶段的投资控制数是工程项目决策的重要依据之一，一经批准，投资控制数应作为工程造价的最高限额，其设计概算不得超过投资控制数。

2. 以设计阶段为重点的建设全过程造价控制

工程造价控制应贯穿于项目建设全过程，但必须突出重点。设计阶段对造价的影响非常大：初步设计阶段影响造价的可能性为75%～95%；技术设计阶段影响造价的可能性为35%～75%；施工图设计阶段影响造价的可能性为5%～35%；而在施工阶段影响造价的可能性为5%以下。因此，做好设计阶段的造价控制至关重要。

3. 以主动控制为主的工程造价

长期以来，人们一直把控制理解为目标值与实际值的比较，当实际值偏离目标值时才分析产生偏离的原因，确定对策。然而这种控制只能发现偏离，却不能使之消失或预防其产生，是被动、消极的控制。在系统论、控制论的研究成果用于项目管理后，我们应将控制立足于事先主动采取措施，尽可能减少以至避免偏差，即主动控制。

4. 技术与经济相结合是控制工程造价最有效的手段

要有效地控制造价，应从组织、技术、经济、合同与信息管理等多方面采取措施。组织上明确项目组织机构、造价控制者、管理职能分工；技术上重视设计方案选择，严格监督审查初步设计、技术设计、施工图设计，深入技术领域研究节约造价的可能；经济上动态地比较造价计划值与实际值，严格审核各项费用支出；合同上明确各方责任、合同价款及奖罚条文；信息上随时清楚价格、利息等变化。为有效地控制造价，我们应尽快改善我国技术与经济分离的现状，将两者紧密结合。

1.2.2 工程造价管理相关理论

工程造价管理理论的发展，是随着生产力、社会分工及商品经济的发展而逐渐形成和发展的。

在中国，历代工匠积累了丰富的经验，逐步形成了一套工、料限额管理制度。据《辑古纂经》记载，我国唐代就已有夯筑城台的定额。北宋李诫所著《营造法式》共36卷，3555条，实际上就是官府颁布的建筑规范和定额。它汇集了北宋以前历代对控制工、料消耗和施工管理的技术理论精华，经明代工部完善成《工程做法》流传下来。中华人民共和国成立后，全面引进苏联工程项目概预算制度和管理思想，规定了工程项目各个不同阶段的工程造价管理办法，对造价进行确定与控制。20世纪80年代，随着我国改革开放的不断深入，开始对工程概预算定额制度进行改革。1990年7月，中国建设工程造价管理协会成立后，我国工程造价管理理论和方法的研究与实践方面才有了快速发展，改变了苏联“量价统一”的定额模式，开始向“量、价分离”，实现以市场形成工程价格为主的价格机制，形成了全过程工程造价管理理论，逐步与国际惯例全面接轨。

在国外，伴随着资本主义的发展，16—18世纪英国随着设计和施工的分离，出现了帮助工匠对已完成工程量进行测量和估价的工料测量师。19世纪初，开始推行招标承包制，工料测量师测量和估价已经提前到工程设计以后和开工前进行。1868年在英国出现“皇家特许测量师协会”标志着工程造价管理专业的正式诞生。20世纪三四十年代，工程经济学创立，将加工制造业的成本控制方法加以改造后用于工程项目的造价控制，工程造价研究得到新发展。到20世纪50年代，澳大利亚、美国、加拿大也相继成立了测量师协会，开展了对工程造价确定、控制、工程风险造价等许多方面的理论与方法的全面研究。

同时，开始在高等学校培养专门的人才。20世纪七八十年代，英美一些国家的工程造价界学者和实际工作者在管理理论和方法研究与实践方面进行广泛的交流与合作，提出了全生命周期工程造价管理概念，使造价管理理论有了新的发展。到了20世纪八九十年代，人们对工程造价管理理论与实践的研究进入综合与集成的研究阶段。各国纷纷改进现有工程造价确定与控制理论和方法，借助其他管理领域在理论与方法上的最新成果，对工程造价进行更为深入而全面的研究，创造并形成了全面工程造价管理思想和方法。到目前为止，从事造价管理的人士还在不断研究探索，以寻求更能有效确定和控制工程造价的理论和方法。

工程造价管理理论经历了几个世纪，发展成为思想先进和体系完备的诸多理论。当今，具有代表性的主要有全生命周期工程造价管理和全面工程造价管理。

1. **全面工程造价管理**

全面造价管理内容涵盖了全寿命周期、全过程、全要素、全方位的造价管理内容，集成与协调不同的管理方法和工具以有效计划与控制工程造价，为工程项目造价管理的实施提供一系列的科学理念与实践方法，如图1-4所示。

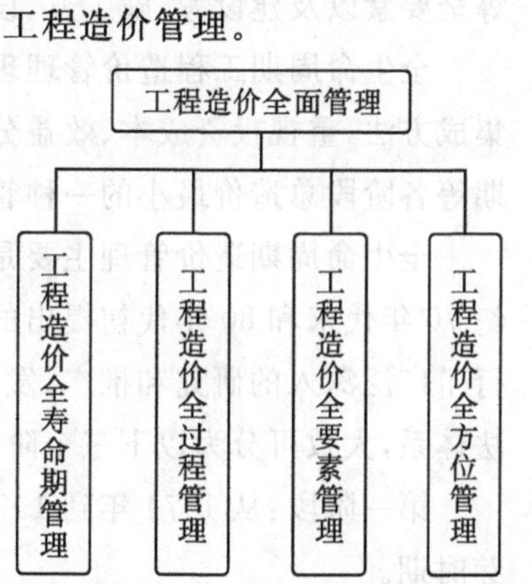

图1-4 全面工程造价管理

全面工程造价管理理论是用于管理任何企业、作业、设施、项目、产品或服务的工程造价管理的思想和体系。它是指在整个造价管理过程中以工程造价管理的科学原理、已获验证的技术和最新的作业技术作支撑，强调会计系统、造价系统和作业系统共同集成才能够实现的工程造价管理思想方法。

全面工程造价管理所使用的方法主要包括：经营管理和工作计划的方法；造价预算的方法；经济与财务分析的方法；造价工程的方法；作业与项目管理的方法；计划与排产的方法；造价与进度度量和变更控制的方法等。为了便于管理而按其先后顺序划分出详细的管理阶段，具体如下：

(1)发现需求和机遇阶段；

(2)说明目的、使命、目标、政策和计划阶段；

(3)定义具体要求和确定支持技术阶段；

(4)评估和选择方案阶段；

(5)研究和发展新方法阶段；

(6)根据选定方案进行初步开发与设计阶段；

(7)获得设施和资源阶段；

(8)实施阶段；

(9)修改和提高阶段；

(10)退出服务和重新分配资源阶段；

(11)补救和处置阶段。

由此可见，全面工程造价管理理论打破了传统的工程造价管理的局限性，拓宽了工程造价管理的范畴和领域，适应当今经济的发展要求。但是，这种管理思想和方法必须有一定的技术储备并在市场经济比较发达的基础上，才能得以实施和发展。

2. 工程造价全寿命周期管理

工程造价全寿命周期管理包括从项目的投资决策、设计、施工、运营、维护直到拆除的所有阶段，综合管理项目的建造成本、使用成本、维护成本以及拆除成本，以有效控制工程全寿命周期总成本，实现成本最小化的目的。全寿命周期造价管理要求项目各参与主体在工程全过程的各个阶段项目管理都要从全寿命周期角度出发，对质量、工期、造价、安全等全要素以及建设方、施工方、设计方等全方位进行集成管理。

全生命周期工程造价管理理论是运用工程经济学、数学模型等多学科知识，采用综合集成方法，重视投资成本、效益分析与评价，强调对工程项目建设前期、建设期、使用维护期等各阶段总造价最小的一种管理理论和方法。

全生命周期造价管理主要是由英美的一些造价工程界的学者和实际工作者于20世纪70年代末和80年代初提出的；后在英国皇家测量师协会的直接组织和大力推动下，进行了广泛深入的研究和推广；发展至今，逐步成为较完整的现代化工程造价管理理论和方法体系，大致可分为以下三个阶段：

第一阶段：从1974年到1977年间，是全生命周期工程造价管理理论概念和思想的萌芽时期。

第二阶段：从1977年到20世纪80年代后期，是全生命周期工程造价管理理论与方法基本形成体系，并获得实际应用取得阶段性成果的时期。

第三阶段：自20世纪80年代后期开始，全生命周期工程造价管理理论与方法进入全面丰富与创新发展的完善时期，应用计算机管理支持系统，实现了造价管理的模型化和数字化。

目前，全寿命周期造价管理在我国并没有切实执行，它更主要的作用是以一种指导工程项目投资决策和方案设计的理念存在，强调以工程项目全寿命周期成本最小化为目标（见图 1-5）。

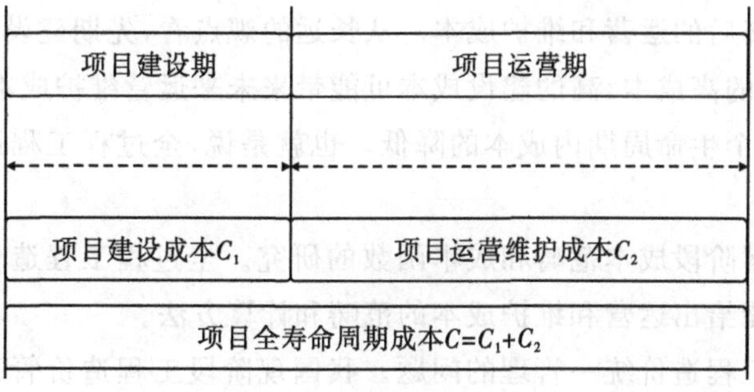

图 1-5　全寿命周期成本

3. 工程造价全过程管理

全过程造价管理的理论在 20 世纪 80 年代由我国造价管理研究协会提出，它是指建设工程从投资决策开始，经历设计单位完成的设计阶段，项目的招投标阶段，施工单位实施的施工阶段，最后到达竣工结算阶段，主动对影响工程造价的相关因素进行动态分析、控制与评价，把工程造价的发生额控制在批准的限额指标以内，发现偏差，分析原因，实施纠偏，确保投资目标的实现。全过程造价管理的本质就是把控制工程造价观念渗透到工程项目实施的全过程之中，即工程造价的控制是全过程的，从工程决策开始到工程竣工验收合格；另外，工程造价的控制具有动态性，在工程实施阶段，工程造价可能受到各种内外因素影响从而发生变动，如工程变更、环境变化、政策性调整以及物价波动等，因而工程最终造价的确定往往是在竣工结算后，因此工程造价的控制目标并非一成不变，而是贯穿于项目实施的全过程之中的。

全过程工程造价管理思想和观念，已经成为我国工程造价管理的核心指导思想，这是中国工程造价管理学界对工程项目造价管理科学所作的创新和重要贡献。它的基本观点是：

第一，工程造价全过程由投资估算、初步设计概算、施工图预算、招投标、施工、竣工结算、竣工决算七个阶段组成。

第二，建设工程造价管理要达到的目标有两个，一是造价本身要合理，二是实际造价不超概算。

第三，全过程工程造价管理就是按照经济规律的要求，根据社会主义市场经济的发展形势，利用科学管理方法和先进管理手段，合理确定和有效控制造价，以提高投资的社会效益、经济效益和建筑安装企业的经营效果。

第四，决策阶段和设计阶段是全过程工程造价控制的重点。

但是，我们现有这方面的理论与观念的研究受到传统工程造价管理体制的束缚，还没有完全跳出原有基于标准定额造价管理的限制。例如，我们仍然在做的“量价分离、动态控制”“定额量、市场价、竞争费”“概预算控制”等方面的方法论研究。随着技术进步的不断加快和市场竞争日益激烈,传统的国家统一标准定额已经难以适应,无法真正对一个具体工程项目实现科学的全过程造价管理。主要表现在以下几个方面:

(1)决策依据不合理。全过程工程造价管理只考虑建筑物的建设成本,而不考虑(或忽略了)设施在移交后的运营和维护成本。从长远的观点看,先期建设的低成本可能会带来未来运营和维护的高成本,高的建设成本可能带来未来运营维护成本的大幅度降低,从而带来建筑物在整个生命周期内成本的降低。也就是说,全过程工程造价管理决策的依据不合理。

(2)缺乏对运营阶段成本范畴和成本函数的研究。全过程工程造价管理对未来成本考虑过于粗糙,未能给出运营和维护成本的范畴和计算方法。

(3)没有考虑工程造价统一管理的问题。我国现阶段工程造价管理的一个很大的弊端是条块分割,公路、水利、电力、石油、矿山等都有自己的定额。在同一地方同样挖一方土,采取不同的定额会出现不同的造价。另一个弊端是建设管理和运营维护管理相互割裂,从而给运营和维护管理带来了很多不利影响。第三个弊端是计算方式的不统一,各个行业都有自己的估算、概算、预算等的编制办法,给工程造价的确定与控制带来了不必要的麻烦。

(4)现有工程造价信息系统缺乏对全生命周期造价管理的支持。我国现在的工程造价管理信息系统主要集中在工程造价计算方面。目前出现了各种各样的计价软件和项目管理软件,主要有四种来源:一是设计咨询单位开发研制;二是院校、科研机构研制;三是软件开发公司研制;四是企业自行开发研制。

随着社会主义市场经济的发展及我国工程投资体制的转变,建设单位、施工单位、设计单位大都积极应用计算机进行工程造价管理,提高了工作效率、节约了成本,也大大提高了工程质量。利用计算机进行工程造价管理的积极作用正在被人们所认识。但是,所有这些都是针对工程造价的某一个阶段、某一参与方的,而针对工程造价全生命周期,全体参与方的管理软件还没有出现。

也正是由于上述缺陷,必然造成工程项目决策不科学,工程设计不合理,导致投资规模失控,工程施工质量不稳定,造成投资的巨大浪费,致使“胡子工程”“钓鱼工程”以及“三超”现象较为普遍。

4. 工程造价全要素管理

工程造价全要素管理是指对影响工程造价的各个要素进行全面综合管理,即工程造价的整体控制应从工期、质量、造价以及“HSE”(“health”健康、“safety”安全、“environment”环境,简称HSE)方面进行,此处的HSE要素最早起源于化工、石油行业,它呈现的是事故预防、环境保护和持续改进的理念,强调现代项目管理自我的完善、激励、约束的机制,贯彻的是一种现代化可持续发展的观念。HSE通常不是项目管理的核心,但根据可持续发展的思想,HSE要素应是全要素管理的首要保证,即全要素造价管理的实施首先是基于安全健康环保的基础,只有在安全的前提下项目才能顺畅进行,因而明确各个要素之间的相对关系并统筹兼顾各个管理要素,才能确保各个要素的全面管理。各要素目标的实现均要花费相应的成本,集工期成本、质量成本以及HSE成本到工程造价管理之中,做到各个要素管理的统筹兼顾、相对均衡,实现各要素成本的合理控制。"相对均衡"追求的不是百分之百的平衡,而是项目整体目标最优的平衡。

5. **工程造价全方位管理**

建设工程造价管理除了涉及项目业主和承包单位外,还涉及政府部门、行业协会、设计方、分包方、供应商及相关咨询机构的参与。全方位造价管理就是在各参与方明确各自造价管理任务的基础上,应在不同利益主体之间形成一种友好协作关系,使各主体都能不同程度地参加到建设工程造价管理工作中,将这些不同主体有效联系在一起而构建一个全方位协作的团队,充分发挥各方的能动作用,对项目的造价工作进行统一管理和控制,促进项目顺畅完工,最终体现的是目标完成、多方共赢的效果。这种管理方法尤其需要各个主体建立完善的项目管理机制以保持信息在企业内部、企业之间传递及时、通畅并加强各方信息交流、工作协同,确保满足各方利益的前提下,最终实现建设工程总造价的科学合理控制。如图1-6所示的是一般情况下工程项目会涉及的不同参与主体。

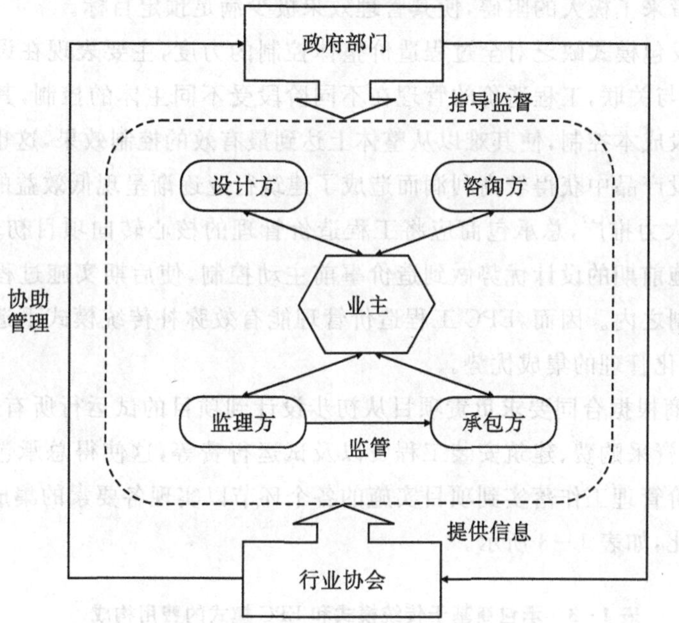

图1-6 工程项目涉及的不同参与主体

1.2.3 国内工程造价管理的发展现状

追溯工程造价管理在我国的萌芽,可以把20世纪50年代苏联的定额管理制度的引进作为其兴起标志,完善了国内施工企业内部工程造价管理制度并确立了概预算定额在工程行业造价管理中的地位。随后,国家标准定额部门的建立加强和规范了概预算的管理工作,当时,概预算定额制度的建立和管理标志着国内工程造价管理正处于计划经济时代。长期以来,国内企业均按照国家统一制定的政府定额、编制规则及相关政策文件来编制项目工程造价，这使得工程造价管理还仅仅是确定工程造价，而非控制工程造价。

随着国内建筑市场不断发展，以及国外造价管理先进理论的影响，我国政府部门开始建立、完善工程造价管理制度，完善工程造价计价程序，从“量价合一”的定额管理制度转变为“量价分离”的指导原则与实施方式。2003 年 2 月由建设部发布的第 119 号公告批准的《建设工程工程量清单计价规范》(GB 50500)在全国范围内的实行标志着我国工程造价管理真正进入现代项目管理层次，该规范的全面推行不仅对工程造价管理具有重要意义的改革，更是完善计价管理办法的重要方式，规范了我国工程建设项目管理体制，促进了我国工程造价的全面深化改革。最重要的是它标志着我国建设工程造价由计划经济模式正式转变为市场经济模式。借鉴国外先进造价管理理念与成功经验，我国工程项目造价管理的理论和方法不断改进、完善，也演变出了更多新的造价管理理论，以适应国内工程造价行业、建筑企业及建筑市场的发展需求，但是我国的造价管理起步较晚，管理水平较发达国家仍有一定差距，其相关管理体制及方式还不完善，行业中也存在着许多不足，主要表现在对工程造价管理的焦点放在施工阶段而忽视决策、设计阶段的控制；设计阶段难以将技术和经济进行集成考虑；施工过程中变更、返工的频繁发生等，这些现象都给工程造价管理带来了极大的阻碍，使其管理效果极少满足预定目标。

传统的平行发包模式缺乏对全过程造价整体控制的力度，主要表现在设计与施工相互脱离，缺乏衔接与关联，工程造价的管理在不同阶段受不同主体的控制，其主要管理工作聚焦在施工阶段成本控制，使其难以从整体上达到最有效的控制效果，这也是近年来施工企业难以从建设产品中获得较高利润而造成了建筑行业逐渐呈现低效益的原因。随着 EPC 管理模式的大力推广，总承包商应将工程造价管理的核心转向项目初步设计阶段，充分发挥工程实施前期的设计优势做到造价事前主动控制，使后期实施过程中造价的变动控制在事前计划之内。因而，EPC 工程造价管理能有效弥补传统模式下造价管理的不足，更能发挥现代化管理的集成优势。

EPC 总承包商根据合同要求负责项目从初步设计到项目的试运行所有阶段的工作，需承担设计费、物资采购费、建筑安装工程费以及试运行费等，这使得总承包应从项目管理整体角度把造价管理工作落实到项目实施的各个环节以实现各要素的集成管理达到费用管理的全局优化，如表 1-3 所示。

表 1-3　承包商基于传统模式和 EPC 模式的费用构成

内　容	费用项目	传统平行发包方式	EPC 模式
设计阶段	勘察设计费	—	√
采购阶段	设备购置费	—	√
施工阶段	建安工程费	√	√
试运行阶段	调试运转费	—	√

本书通过对集成管理与 EPC 模式进行系统的理论分析后，可得出二者的本质特征是相互契合的，即其管理均体现出集成化、系统化、一体化的整合思想，强调管理对象的系统

控制与整体寻优,因而集成管理思想是特别适用于 EPC 工程造价管理中并能充分发挥出 EPC 这种模式的优势。最后,建设项目 EPC 管理模式虽然在我国逐渐地被广泛推行,但在实际工程的实践中仍存在一定问题,其原由首先是,我国市场经济处于发展阶段,总承包市场的运行和操作欠缺成熟和规范,缺乏完善的管理机制;其次,人们对 EPC 模式的理解趋于经营范围的扩大,对其工程造价管理受 DBB 模式的影响较深而集中在施工阶段,并没有针对 EPC 模式的特征实施与其相适应的工程造价管理方式,难以切实发挥 EPC 模式下工程造价管理的效益性。因此,通过对相关文献及资料的分析、研究,笔者认为 EPC 模式下工程造价集成管理的本质就是以集成理念将 EPC 工程项目整体利益最大化作为最终目标,在工程实施过程中,从全过程、全要素、全方位的角度运用集成化管理的方法、技术对影响工程造价的因素进行计划、组织、协调与整合而开展的系统性项目管理活动,不仅使工程最终造价满足限额目标,更实际意义在于获得人、财、物、信息等资源的合理利用与科学配置,为企业创造更大的增值。其内涵主要体现在:

(1) EPC 模式下工程造价管理的全过程集成。EPC 模式集设计、采购、施工及试运行各个阶段于一体,实现了工程项目全过程的集成,其造价管理正好对应了设计阶段的造价管理、采购阶段的造价管理、施工阶段的造价管理,集工程造价管理各个过程于一体。

(2) EPC 模式下工程造价管理的全方位集成。总承包商在 EPC 工程造价管理中处于上下游关系之间,向上需处理好与业主或业主代表、政府及行业部门的关系,向下需处理好与各专业分包商、采购供应商等多方的关系,做好项目信息在上下游之间的传递,做到工程造价管理的时效性、动态性、协调性。

(3) EPC 模式下工程造价管理的全要素集成。EPC 工程造价管理是基于实现全要素目标进行的,因而从项目全局角度,总承包商针对各阶段的特点采用相应的管理方法、手段来实现全要素目标的集成管理,如设计阶段引入并行工程的原理,将设计与采购、施工进行并行交叉,提高运作效率,加快实施进度,确保设计质量;采购阶段利用集成管理的思想将内部管理范围延伸至供应源头,整合企业外部资源,减少中间交易成本,实现多方共赢的局面;施工阶段实行全要素造价管理的方式,追求工程实施过程中进度、质量、造价及 HSE 全要素的均衡管理。

(4) EPC 模式下工程造价管理的信息集成。信息对于工程造价的控制效果具有举足轻重的作用,它体现了工程造价的动态控制、实时控制、精确控制。EPC 模式下,总承包商面对各方信息量更多、更繁杂,而实施信息集成管理能有效分类、汇总项目各阶段产生的信息。工程项目集成化管理可将信息网络作为技术保障,总承包商可通过创建基于网络的项目信息管理平台,如建立项目信息门户(PIP 或引进最新的 BIM 技术,实现信息集成化管理,加速信息在各部门之间及时、准确的传递,确保信息使用者随时掌握信息的更新并采取相应措施及时响应信息的变化。

综上所述,EPC 模式下总承包商若仅对设计、采购、施工各阶段的工程造价分别进行管理,而没有使其相互之间发生联系,只是达到各阶段局部成本的降低,而非整体造价管理最优,因此总承包商应在各阶段造价管理过程中,把握设计为主的集成优势,加强过程集成,建立与业主、分包商、供应商等的友好协作关系,使不同主体尽可能融入到 EPC 工程造价全面管理的工作之中，加强组织集成，积极引进现代化科学技术，加强集成和工作协同；其次，总承包商应适当改进传统各阶段相脱离模式下的造价管理方式，深入认识EPC模式自身集成性与其造价管理集成性的特点并建立该模式下实施造价集成管理的有效方式。因此，本研究观点的提出具有一定的可行性、科学性、必要性。

1.3 工程造价集成管理

集成管理，突出的是一体化的整合思想，是一种同时看重效果和效率的管理模式。传统的管理是对人、财、物等资源的管理，而集成管理是对以人才、信息、科学技术等为主的智力资源的管理，可见，集成管理的首要任务就是提高企业的对知识潜力的开发。集成管理的关键核心所在就是强调"集成"两个字。传统管理模式强调的是分工的管理理念，而集成管理强调的是一体化的整合"集成"思想，集成并非"1＋1＝2"式的单个元素的简单相加。在马克思看来，管理不仅提高了管理者个人的能力，而且还能将许多单独分立的工作重新整合成一个新的组织，其效果大大超过单个劳动体的简单相加，即产生了"1＋1＞2"的效果。

历史上最早是由美国的切斯特·巴纳德(Chester Barnard)在他的《管理人员的职能》中提出了系统的协调思想。而后1990年，创新经济学者约瑟夫·熊彼特(Joseph A Schumper)在其创新理论中指出：创新过程包括技术上的创新和制度上的创新，并提出在技术创新过程中将二者进行整合。1998年，查尔斯·萨维奇(Charles Savage)在他的《第五代管理》中提到：保持企业内部和外部联系的关键因素是集成的思想，而这种技术手段也影响了组织的结构构成。

著名科学家钱学森在我国最早提出对集成管理理论的研究。随后，陈国权、李宝山、华宏鸣等国内著名的教授学者，也针对集成管理的概念、组织形式、方法、理论等作了相应研究。在对各层级生产计划和控制系统的集成进行了广泛研究后，马士华和陈荣秋教授提出了基于计划时间细化的三级生产计划和控制系统的集成计划模式。

从古代中国的都江堰，到现代美国的"曼哈顿计划"，再到当代中国的三峡工程和神舟飞船项目等，无不体现了集成管理的思想，集成管理的思想随着社会经济的发展，不断丰富和完善，特别是当前管理的指导思想从强调分工逐步转变为强调分工合作。1776年，亚当·斯密发表《国富论》，对分工的优越性进行了系统的阐述，自此管理的思想便是强调分工并成为传统管理模式的基本特征。随着市场经济的发展与经济一体化，深度的分工在显示其专业性的同时，也逐渐暴露出以下问题，如信息不自由共享资源缺乏有效利用、交易成本加大等严重制约了企业的发展。从某种意义上说集成管理可以弥补分工所带来的问题。

集成管理是一种全新的管理理念及方法，是将两个或两个以上具有公共属性要素的集合过程和集合结果所实施的管理、控制工作。集成管理通过综合运用不同的方法手段促使不同要素之间的联合和统一，实现集成放大效应，从而提高管理水平。因此，集成管理也是管理者主动寻优的一个过程。

集成管理可以从三个方面去分析其内涵：首先，进行集成管理的管理者有明确的需要集成的要素和集成的目标；其次，需要集成的要素应具有公共属性，才可以进行集成；再次，集成是一个不断变化的动态过程，需要管理者在此过程中实施一系列的管理、控制工作。

1.3.1 集成管理的内涵

集成不同于集合，其内涵更深于集合的本义，它不是将分散的部分或要素单纯地结合或聚集在一起，而是将各要素通过优化选择，相互搭配，以形成科学合理的有机整体而发挥集成之效。国内学者对集成的内涵持有多种观点，其内容大体相似，可以概括地认为集成是各要素之间的优化组合，是形成整体优化的一种思想，是解决系统复杂问题、提升整体功能的一种方法，即集成是将一个系统的若干部分或要素合理搭配、择优互补、有机结合在一起以实现全局的最优。

管理是一种行为，也是一种理念，它无形地渗透于社会的各个方面，维持着整个社会和谐有序的发展。管理的本质即是通过组织、计划、指挥和控制等行为，对组织中的各类资源进行协调、配置，最终实现预期目标。“无规矩不成方圆”，人类的一切活动、行为都基于管理之上，管理的行为与管理的理念将影响个人、企业、社会及国家的发展前景，因此，现代管理应体现出个体、企业、社会以及国家未来可持续发展的思想。

作为第一生产力的科学技术，科学管理正是生产力的重要组成。长期以来，人们对于管理的不断研究在不同时期形成了重要的管理理论，如系统管理、战略管理等理论。

信息化、全球化、经济一体化的新形势使得管理出现了深刻的变化与全新的格局，不断地演变出更新的管理理论，在传统管理理论基础上，管理对象的重点不仅是人、财、物等有形资源，还有以科学技术、信息、智力为主的无形资源，将这些资源进行有机整合，开创了集成化管理模式。区别以分工为基础的传统管理方式，集成管理强调的是一体化的整合思想，它并不是单个元素之间的简单相加，而在于集成内容中的各元素要相互渗透、吸收，实现功能放大的效果，即“1＋1＞2”。

集成代表的是一种理念和方法，不仅是促进管理系统中各组成部分或要素按照一定方法择优互补集合为一体的一种理念，而且也是解决复杂系统综合管理的一种方法。集成管理是基于一个明确的管理目标，将集成的原理和方法应用于实际管理活动中以综合管理各方面的工作，选择集成要素、建立集成组织、构建集成系统，对影响目标实现的因素进行有组织、有计划的管理，实现目标的全局管理，即指将集成思想作为管理的指导，集成机制作为管理的基础，集成方式作为管理的实施，通过过程信息的及时反馈对管理系统进行评估、改进。在科学技术迅猛发展以及企业竞争日渐加剧的背景下，集成作为一种新的理念融入到现代管理之中，深化了现代管理理论并拓宽了管理的实践领域。

集成管理原理分析如下：

1. 要素相容及要素互补性原理

相容性原理是反映集成要素内在联系的基本规律，集成要素能够相容或关联，是集成管理的必要条件；互补性原理是反映集成要素之间优势互补的基本规律，集成要素能够有机组织起来或互补，是集成管理的客观基础。

2. **系统界面与功能结构原理**

集成要素之间的交流是通过系统界面来实现的，集成管理的形成机制也是通过界面来反映的，系统界面原理反映集成要素之间交流与形成机制的基本规律；系统结构是反映集成体内部集成要素间的联系方式、组织结构等内在集成的规定；系统功能是集成体与外部环境的相互联系、相互作用所表现出来的功能。

3. **功能倍增与集成效应原理**

系统整体功能倍增原理反映集成要素在形成集成体的过程中相互作用，相互融合，使得集成体的系统整体功能得以倍增的基本规律，也反映了各要素进行集成管理所产生的整体功能大于各要素功能的简单叠加之和。

1.3.2 集成管理的特征与作用

有效的集成需要有效的管理，集成管理体现的是集成化、科学化、一体化的整合思想，它需要管理者从集成这一新的视角有组织、有计划、有目的地规划人类社会活动，将与活动有关的要素纳入管理的内容，拓宽管理的范围和领域，并综合运用各种不同的方法、手段将管理的各类要素或部分按照一定的方式进行整合，实现功能匹配和优势互补，从而产生功能倍增的整体效益。作为一种创造性的管理方法，集成管理涵盖了控制论、系统论和信息论的基本思想，在实施过程中运用信息管理系统分别将工作中各类要素进行科学、一体化的协调管理与整体控制，实现管理理论的进步与创新。综上所述，集成管理体现整合性、创新性、科学性以及通用性的基本特征，通过对集成管理的认识与分析，可以归结其主要作用就是全局寻优、系统创新、功效放大。

集成管理的特征如下：

(1)协同性。集成管理强调各集成要素在发挥作用时必须协同一致，才能发挥集成的整体功能，实现集成放大效应；其次，集成管理的综合性也要求各要素具有协同性，如并行工程要求研究开发、计划、生产、销售及售后服务等一系列生产经营活动的有效协调合作。

(2)综合性。集成管理中的要素多种多样，不但可以是人工、材料、机械等管理对象的集成，也可以是管理手段、信息技术、管理过程的集成，甚至是组织内部与组织外部要素的集成。如从建设项目要素集成管理来看，既可以对造价、工期、质量三要素进行两两集成，也可以进行三要素的集成。

(3)整体优化性。集成管理的目的为整体优化，促使不同要素之间的联合和统一，形成优势互补的整体结构，提高要素的整体功能，从而提高组织的管理水平。如供应链管理可以克服传统建设项目普遍存在的各阶段工作脱节的现象，从而实现供应链的整体优化，达到节约成本、提高质量，缩短冗余工期的目的。

(4)泛边界性。集成管理对集成要素的配置从企业的某个部门或层级扩展到多个部门或层级从本企业扩展到各参与企业，打破了各要素的原有管理界面，使得组织内部的要素管理和组织外部的要素管理形成交叉和融合,进而整合并优化配置了组织内部和组织外部的要素。

通过文献研究可以看出,目前学者对工程项目集成管理实现的关键点看法基本是一致的,认为过程集成、要素集成及参与方集成是集成管理的三大维度。此外,工程造价咨询企业属于智力密集型企业,研究建设项目全过程造价咨询业务集成管理的学者更注重知识集成管理的重要性。因此,本书研究建设项目全过程造价咨询业务的集成管理时,通过总结工程项目集成管理及建设项目全过程造价咨询业务集成管理的相关文献,将建设项目全过程造价咨询业务集成管理的关键点划分为过程集成管理、要素集成管理、参与方集成管理及知识集成管理这四个维度,见图1-7。

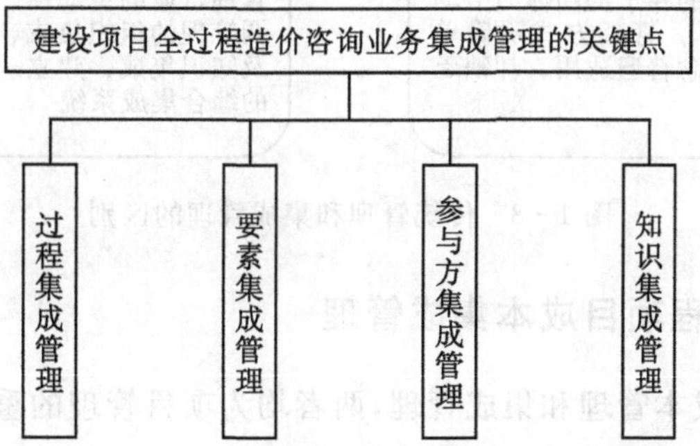

图1-7 本书研究的建设项目全过程造价咨询业务集成管理的关键点

1.3.3 集成管理与传统管理的区别

传统管理模式产生背景是工业化发展的日益进步,而集成管理模式是在信息化时代的新型管理模式的基础上产生的。两种管理模式所诞生的时代背景明显不同,因此在对待问题的方法上也不尽相同。两种管理模式的区别主要表现在以下几个方面:

(1)传统管理模式旨在改善劳动条件,提高体力劳动的工作效率,因此管理的对象是人、财、物等资源,研究的是人与机器、人与环境的关系。而集成管理要求员工们积极主动地融入集成活动中,重视的是管理主体的创造行为,以人才、信息、科学技术等为研究对象,强调通过改善工作方式和组织结构,更加注重使用激励的管理方法建立集成系统。

(2)传统的管理模式认为提高劳动生产率的唯一途径是专业化分工,技术是技术,管理是管理,重视劳动分工与专业化。而在现代发达的信息技术和科学技术基础上发展起来的集成管理,认为系统的有效集成是提高生产效率的重要手段。因此,也可以说集成管理在一定程度上是以系统论为支撑的。

(3)传统管理模式忽视了信息的作用,其重视的是企业内部各项资源的合理配置和有效利用,如员工、材料、设备、技术等。而集成管理不仅注重企业内部各要素间的联系,更将企业内部各类要素与企业外部的相关环境资源进行合理整合,并使内外资源的各种优势能进行有效互补,达到“1+1 > 2”的效果。

两种管理方式产生于不同时代背景下,主要区别如图1-8所示。

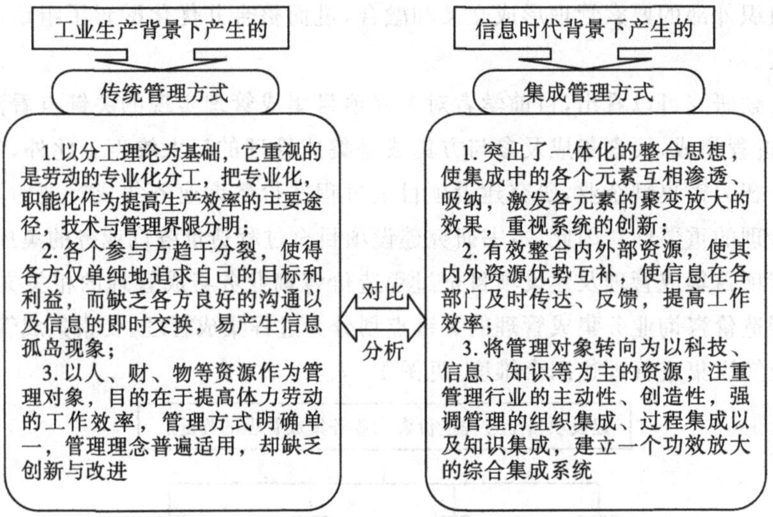

图 1－8　传统管理和集成管理的区别

1.3.4　建筑工程项目成本集成管理

建筑施工项目的成本管理和集成管理，两者均为项目管理的重要内容，将两者进行有机的结合就形成了成本集成管理，而成本集成管理可以实现对项目成本的综合性管理。

1. 建筑施工项目成本集成管理的内涵

成本集成管理指在成本管理过程中以集成管理理论为指导基础，将集成管理的基本原理和方法，运用到成本管理的具体实践中，在成本管理的过程和系统中以集成管理思想为核心，在成本管理方法上以成本集成管理方法为基础，实现成本管理与企业战略、资源配置、经营管理和绩效管理的集成，从而提高项目的决策能力和成本竞争优势。

2. 以业主为核心的全生命周期的横向集成和以软件开发为核心的纵向集成

(1)横向集成。全生命周期的横向集成方式是以业主(建设单位)为核心的，因为业主(建设单位)在项目的全生命周期中由始至终都是参与项目的主体。如果业主订立的目标越是明确可行，掌握的信息量越是足够全面，那么这个项目成功的可能性就越大，反之，项目失败的可能性也会加大。对施工项目来说，工程项目的管理团队是以业主为中心，由各方专家一起参与的聚合体，它是横向集成的关键所在，该团队采用专家会审的方式对项目的各个阶段的情况进行分析，分析结果由 Internet 技术传递，互联网的广泛使用使得各方都能快速掌握有效信息，降低沟通壁垒。

建设单位作为核心单位除了在建设的各个阶段与各部门沟通协调之外，一个重要的作用是利用 Internet 技术获得各部门的有效资料，并建立完善的文档管理体系进行统一管理。该体系一般先由计算机技术人员设计研究出一套适合本工程的网络平台，然后为每一个用户设置使用权限，最后通过设置使用密码，建立防火墙体系来保证网络数据的安全。信息资料可以在此平台上通过网络数据的传输，让异地办公成为可能，由于放弃了对纸制文件重复低效地进行整理、存档和调用的手工劳动，大幅度降低了出错的可能性，并且很好地避免了因文件缺失而带来的纷争。

(2)纵向集成。目前普遍应用于建筑工程的软件有CAD绘图软件、用于清单定额编制的各种计价算量软件和项目管理Project软件等。不过由于各软件之间难以互相识别，不能兼容使用，种种技术因素导致了整个建筑行业向前推进的进程缓慢。各个软件之间不能并行使用，致使项目从设计到竣工的过程中常常出现重复的工作。因此，建立一套完整的、各种软件间能互相兼容使用的体系，就显得至关重要了。其原理就是建立一个以软件开发为核心的、纵向的集成管理体系。

图1-9采用的是以CAD软件为基础进行的纵向集成管理的系统设计，当设计阶段完成后，进入招投标阶段时，对各投标单位提供招标文件的电子版本，预算人员根据企业自身的实力，在CAD图的基础上输入本企业各项定额生成的工程量的清单价，而不再需要重新绘制图形。当某企业中标后，项目经理仍然可以在施工过程中利用这套软件对施工过程进行控制，还能加入相应的动态元素，得出三维动画的模型效果。例如在屋面防水工程的施工中，通过录入屋面的各部位各层面的材料名称、施工方案、所参与的施工人员等，再使用Project软件，就能自动计算出相应资源的使用情况，省事又省时。从软件绘制的横道图等图形数据中可以方便地查看工程的关键路线和工程进度情况，以便及时对人员、材料、设备等资源进行调控，避免窝工、返工等现象的发生。如此也便于业主对施工的有效控制，防止在施工过程中出现偷工减料等事故，而有损于业主的利益。

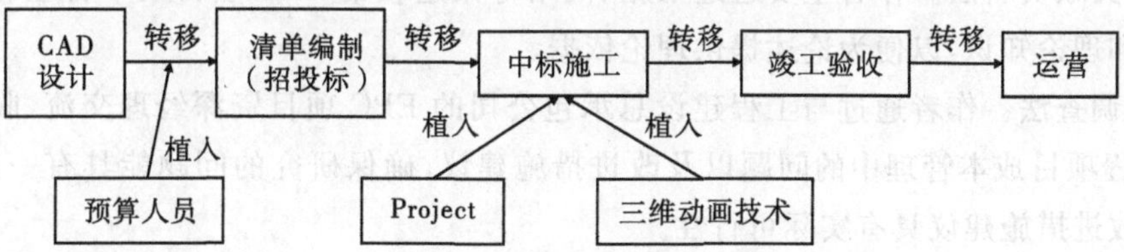

图1-9 软件间关系及其流程

1.4 本书的研究视角

1. **研究内容及技术路线**

本书在研究过程中，结合EPC模式的特点论述了该模式下核心阶段工程造价管理的重点和方法，并进一步提出贯穿EPC项目全过程工程造价集成管理的方式。EPC各个阶段管理内容是不同的，因而每个阶段造价管理侧重点也是不同的，本书将引入主流的造价管理方法及其他领域的理论、方法强调从集成角度来分析如何做好设计、采购及施工为主的各阶段工程造价管理；其次，重点分析以“并行工程”理论方法发挥设计的主导作用，并以“设计—采购—施工”的过程集成、组织集成、信息集成来实施工程造价集成管理。

研究方向是基于EPC模式下工程造价的集成管理，从总承包商的角度，首先从分析集成管理理论、工程造价管理理论和EPC模式相关理论入手，得出了EPC模式下工程造价实施集成管理的可行性、科学性及必要性；其次从该模式设计、采购、施工三个核心阶段分别入手，系统分析了各阶段影响工程造价的主要因素并结合各阶段造价管理的特点，运用限额设计、价值工程、工程造价管理相关理论以及战略合作等其他领域的理论或方法，分别对核心阶段工程造价集成管理的实施进行阐述，将该模式下的造价管理由表及里、由浅入深、由整体到局部进行剖析，使总承包商能认识 EPC 模式各阶段造价管理的重点；最后，本研究提出总承包商通过建立“并行管理模型”进行工程造价集成管理，再由局部到整体，以全寿命周期管理理论为启迪，将并行工程理论作为指导方针，以设计为核心立足于 EPC 项目实施的全过程，将设计、采购和施工进行过程集成，以组织管理、技术管理为集成管理的保障措施，将 BIM 技术作为具体实施方式贯穿于 EPC 项目全过程，更科学、高效地实施工程造价集成管理。

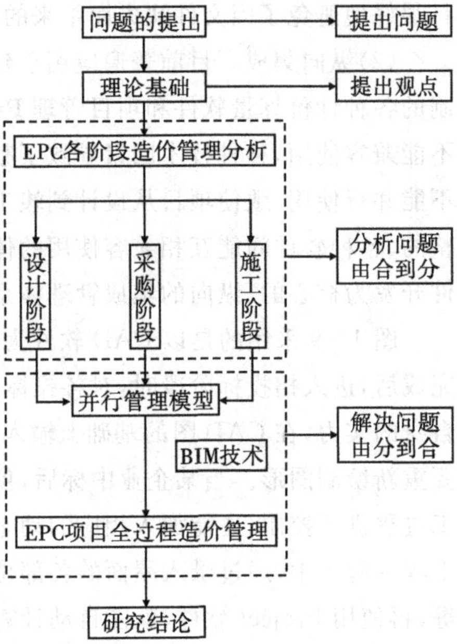

图 1－10　技术路线图

本书研究的技术路线如图 1－10 所示。

2. **研究的方法**

(1)文献资料法。作者主要通过书籍、网络等渠道收集 EPC 项目成本管理有关的资料文献和理论知识，以便为论述提供理论依据。

(2)调查法。作者通过与工程建设总承包公司的 EPC 项目资深经理交流，收集实际 EPC 工程项目成本管理中的问题以及改进措施建议，确保研究的问题能具有一定共性，提出的改进措施建议具有实际可行性。

(3)实际观察法。作者结合曾经从事的 EPC 项目管理工作的实际经验，以保证本书分析的问题、问题成因及对策措施具有一定现实性和实践性。

(4)比较研究法。作者结合调查法和实际观察法取得的资料和信息，进行客观分析和比较研究，以便总结 EPC 成本管理中存在问题的普遍性和独特性。

第2章

EPC项目造价管理现状分析

2.1　EPC 造价管理存在的问题及原因分析

2.1.1　EPC 造价管理存在的问题

EPC 工程总承包管理向我国过去仅靠企业的施工技术优势以实现项目效益的大型工程公司提出了新的挑战。企业不但要拥有一流的施工技术，更要具备强大的融资能力、深化设计能力、设备采购能力、项目管理能力和社会资源整合的能力，才能为业主提供总承包管理服务。EPC 工程总承包管理的本质就是要充分发挥总承包商的集成管理优势，有效控制设计、采购，并争取施工技术精良的专业分包商的资源支持并进行有效监控，以项目整体利益为出发点，通过对设计、采购、施工一体化的管理，共享资源的优化配置，合理控制项目风险，最终为项目增值，为本企业获得丰厚利润。大型工程公司从单一 EPC 环节中的某单一环节为主营业务向 EPC 工程总承包商的转变中，面临很多问题。我国目前的总承包实践中，主要有设计院总承包、施工单位总承包、联合体总承包这三种主体。无论是大型施工单位，还是设计院，都不可能一步到位地改造成具有完备 EPC 功能的工程总承包公司，在从单一业务向 EPC 工程总承包商转变的过程中，新的项目管理组织形式、运行机制需要进一步加以研究。

我国目前 EPC 项目实施过程中造价管理存在的主要问题有以下几个方面：

1. 项目经理成本控制意识薄弱

公司的项目管理制度中对 EPC 项目都强调安全、进度、成本；但在实际项目中公司却更加注重进度控制。而我国大多数施工总承包公司对项目经理的要求是，只要能顺利完成项目进度和保证项目质量，项目结算成本保证在不超过估算成本的 10%，基本可以认为这个项目的管理是成功的。公司制度规定对成功的项目参与人和项目经理会有一定的物质奖励，但实际中除了工程进度奖可以兑现，其他的成本节约奖励基本并未实行。在公司管理体系文件中，也有制度规定对成本超过估算 30%以上的项目经理将实施一定的物质处罚，但实际工作中即使出现偶尔的超支，处罚也几乎不会发生。

在这一实际结果的引导下，再加上成本估算本身就比实际成本偏高很多，成本目标挑战性较小，大部分项目经理在项目实施过程中对成本的控制意识相对比较薄弱，却更加关注项目的进度和质量是否符合标准预期，只求提前或按时交付竣工，顺利完成项目即可。传统的大型施工单位项目经理的这种自保意识非常普遍，只有少数责任心很强的项目经理能在项目实施过程中有效控制项目成本，而他们可以做到节约项目总成本达到估算成本的 30%以上。然而遗憾的是这些优秀的项目经理虽然为公司节约了成本，但公司却少有奖励来激励这种行为。因此导致一个项目成本控制的重视与否完全取决于项目经理自身的素质。

2. 制度与执行脱节

制度的建立是为了组织能以更强的能力完成更大的业务量，但是制度执行不力似乎是我国很多大型企业尤其国有企业的通病，我国很多大型施工单位的制度可以说非常完整全面，但在实际工作中，工作人员通常依然按照各自领导的习惯开展工作；正如有员工戏称“制度完美有序，工作混乱无序”。这个问题在项目成本管理中带来的负面影响非常广泛。大到项目的现场签证和设计变更，小到项目参与人员的差旅报销都有所体现。制度执行不力的问题归纳起来有以下三种情况。

(1)概率制度。制度本身不存在问题，但是否执行完全取决于当事权利人。同样的制度，对有的人严格一些，对有些人就松一些。比如在预算制度下，同样的部门，同样遇到预算费用超支，同样的超支理由，不同的人获得领导签字同意的可能性就不一样。“制度是死的，人却是活的。”

(2)制度无人执行。员工知晓制度的内容，但是很少被要求或是看见制度被执行，或者制度本身就不如经验更有效。譬如某些项目管理制度在实际工作中很少被兑现或执行，久而久之员工们就当其为烦琐的文字，不会作为工作准则，也不会去执行。

(3)审批烦琐的制度。制度编写的目的看似清楚，执行程序看似清晰，工作中制度为了约束员工必须执行，都有一个长长的领导审批程序。这些程序看似指明了责任人，而实质上却由于所谓责任人过多，平时的所谓审批签字不过成为形式，真正出了问题却互相推诿。另外，烦琐的基本数据审批浪费了高层管理者大量时间。在企业中制度缺乏执行力，失去本身的意义，导致组织管理能力低下，造成成本控制难度很大。

3. 人力资源不足与人力成本浪费并存

人才专业化是传统建筑业公司的人才培养模式，但是，在以总承包为主业的大型建筑业公司，这种仍然盛行的人才培养方式却导致一职多能的复合型人才严重缺乏，最终带来成本浪费。

从EPC项目管理组织结构可见，EPC项目管理中人员设置非常齐全，从设计到控制，不管规模大小只要是一个EPC项目最少必须配备18名项目管理人员，而且公司要求通常项目配备的人员需要常驻项目现场。尽管有的管理领域非常接近甚至重合，比如财务经理和费用控制工程师，但也本着专业的原则而各司其职。这种专业化的管理在大型EPC项目中效果比较显著，也非常必要。但是在很多中小型EPC项目中，仍然以这种模式配置人员，在实际工作中就显得人才成本浪费非常突出。而且随着公司中小型项目的增多，一方面专业人员数量显得不足，一方面又存在人员在现场工作量不足的矛盾局面。

4. 成本估算不准确

成本估算是编制为完成项目各项活动所需资源成本的近似估量，是整个项目所需各资源成本的近似值。如果新项目和以往的项目类似，则可参考以前的成本费用进行估算。而大多数建筑公司的成本估算采用自下而上的估算方法。自下而上的估算法优点在于它本身是一种参与管理型的估算方法，比起没有亲身参与基本工作的高层管理人员，基层的管理人员对资源的估算能更准确。另外，基层管理人员直接参与估算工作，也可以促使他们更愿意接受成本估算的最终结果，提高工作效率。但是，自下而上的估算法也有其自身的缺点。这种方法在估算项目成本时，由于参加估算的部门很多，而且需要把不同单位的资源转化成统一的货币单位形式,因此估算时间较长,影响估算准确性的因素较多而难以把握。同时,这种估算方法还存在一个特别的博弈过程。一般下游部门由于害怕以后的实际成本高于估算成本而难以顺利完成工作,或者希望在实际工作中,能使自己负责的工作的结算成本低于估算成本而得到奖励,或者是考虑到上层管理人员必然会以一定比例削减自己报送的估算,因此在估算时,很可能会过分夸大自己所负责工作的资源需求量和风险,而得出一个远远高于实际的成本估算。这就要求对形成最终成本估算的上层管理者充分了解项目的工作分解结构和工作范围,对本项目各专业的资源实际耗费情况做到心中有数,具有全面的历史成本数据作为参考,在充分了解的基础上对报送的成本汇总进行合理删减,尽可能去掉水分而贴近实际成本。

在实际工作中,由于市场营销部的工作量较大,同时成本估算审核人员水平参差不齐,对成本估算的审减额度标准不一,形成的误差很大。在项目审核量较小时,经验丰富的审核人员可能会依据过去项目积累的数据资料详细认真地对报送估算逐项合理删减,能使最终估算和实际成本差距较小。但大部分经验欠缺的年轻审核者几乎都是将初步估算总成本乘以统一的系数 0.9 作为最终的估算成本。而报送的估算成本越高,得到的最终成本估算也就越高,致使估算成本难以真实地反映实际情况。

在实际中,大部分 EPC 项目的最终估算成本都远远高于项目的实际成本。高估的估算成本作为项目成本目标的最高限额,难以有效地指导项目实施中对成本进行节约。

5. 忽视设计优化

通过优化设计从源头上最大程度降低项目成本,从而达到项目总成本最低的理想结果。大型施工总承包企业的设计人员不足,设计力量欠缺,设计优化被严重忽视。总承包工程公司应对 EPC 总承包项目进行量身设计。进行设计优化本来是节约成本的最好途径,但是在设计力量不足的情况下,在繁重的设计任务下,设计人员甚至直接复制以前图纸设计,而根本不根据具体项目特点进行改进设计。因此经常同一个设计环节的错误设计可能在不同的项目中重复出现十几次而无人在新设计时发现并改正,直到施工阶段发现以后再进行设计变更,从而带来极大的成本浪费。

6. 设备供货厂商供货不稳定

设备费用是为建设项目购置或自制的达到固定资产标准的各种国产或进口设备的购买费用。设备是项目固定资产投资中的积极部分,在生产性工程建设项目中,设备费用占项目总成本的比重越大,意味着生产技术的进步和资本有机构成越高。设备采购是一项重要任务,对整个 EPC 项目的总成本具有极大的节约潜力。从国内 EPC 项目的采购现状来看,设备采购环节中存在以下两个问题。

第一,设备采购环节,只考虑采购阶段的费用最低,公开招标以最低价中标的方式造成设备供应商利润很低。从表面上看,这种做法充分发挥了市场竞争机制的作用,在短期内针对单次采购可能成本较低。但是从整个公司成本来看,公司因为项目多,所需采购的设备种类多,采购频繁,经常的招标采购活动费时费力。并且每一次采购活动也会耗费一定成本,同时也加大了采购合同的管理难度。另外,不稳定的供应商对设备的供应时间也难以严格保证，经常发生的交货延迟导致项目进度拖后，结果就是只能以成本换工期，得不偿失。

第二，在整个设备采购过程中没有做到精细化管理，采购环节由采购经理全权负责而缺少监督，给个别素质不高的采购人员以可乘之机。在采购流程中，设备采购首先由各专业设计人员报送采购计划给采购经理，再由采购经理负责询价供货厂商，并根据询价信息编制设备采购预算报送经营计划部审核，通常经营计划部对此采购预算总价乘以系数0.95就作为了招标控制价。招标时也只以采购设备的总价作为唯一的衡量依据，却没有具体的标准。另外，采购工作几乎由采购部全权负责，从编制招标控制价到招标活动的组织再到最后的定标，除了项目经理再也没有其他的监督人员。这就充分给部分素质不高的采购人员以可乘之机，他们为了私人利益，而不惜牺牲项目成本。最后，采购与设计脱节，也不能很好地体现设计优化的思想。

7. 包工包料的施工外包模式通常问题多

在EPC初期的探索阶段，以设计院为主体的EPC承包单位经常采取的方法是工程设计和设备采购由本公司自己承担，施工和试运行完全外包。土建和设备安装的现场工作全部由施工单位包工包料。施工是实现设计的手段，是将设计图纸转化为工程实体的关键环节。影响施工成本的关键点除了施工组织设计就是施工材料，材料费用是施工成本的主要组成部分。而包工又包料的施工外包模式通常存在以下问题。

(1)设计与材料分离难以充分发挥材料性能。材料是设计的物质基础，设计的重要原则之一就是要正确地掌握材料，充分利用当地材料。任何产品都是由具体形态的材料构成的，而材料的价值也是通过具体的技术与工艺来实现的。从价值工程的理论上来说，任何优秀的设计只有充分融合材料自身的材性与生产规律，才能实现产品的最大价值。设计是通过对材料的合理使用，充分发挥材料的材性来实现设计蓝图。可见，设计与材料的关系非常密切。

而设计与施工互相分离的承包模式中，掌握材料的施工分包商几乎不参与项目的设计过程，设计师也对现场实际使用的材料没有充分了解，于是出现了很多由于设计师对材料的误解与生疏而造成的失败设计，造成大量成本浪费。

(2)包工包料的外包方法导致材料成本控制没有主动性。一方面，材料的市场价格具有极大的不稳定性，很多施工主材比如钢筋、水泥几乎每个月的价格都会变化。虽然绝大部分合同都是按照固定总价的方式签订，但是每当这些施工主材价格变化较大时，都给工程项目带来很大的影响。当主材市场价格下降时，施工单位得到材料价格的价差，还能按期保质的交工。而当材料价格上涨时，有的施工单位可能降低材料规格等级或者偷工减料，以此来减少材料价格上涨带来的成本增加，然而低档的材料必然导致低劣的质量，最终的返工补修不仅浪费成本而且拖延工期。也有的施工单位会直接因为材料市场价格上涨而向总承包商提出风险补偿，如果补偿要求没有得到满足，他们就会以拖延工期来对抗，结果受损的一方仍是总承包商。总之，在包工包料的外包模式下，对施工材料的控制完全没有主动性，并且只能承担可能的价格风险，却不能分享可能的价差收益。

8. 施工现场签证过多

施工现场签证是工程建设在施工期间的各种因素和条件发生变化情况的真实记录和证实。现场签证是业主与承包商根据承包合同约定,就工程施工过程中涉及合同价之外的实施额外施工内容所作的签认证明,不包含在施工合同内的价款。它是计算预算外费用的原始依据,是施工结算增加的主要原因之一。工程建设项目周期长、技术性强、涉及面广,在施工过程中,现场签证的发生是不可避免的。过多的现场签证给项目带来额外成本,同时也加大了总承包方对签证处理的工作量,加大了施工分包超过成本目标的风险性。

9. 项目竣工决算耗费时间太长

在 EPC 项目中,项目竣工决算是指项目在竣工验收交付使用阶段,由总承包商编制的反映建设项目从开始到竣工、投入使用全过程的实际费用。项目的竣工验收和决算,尤其竣工决算是最终确定项目成本和收入的环节。在这个时期对 EPC 总承包商来说,一方面要对施工单位进行费用决算,一方面要与业主进行竣工决算。

两方面的工作内容都包括合同内价款结算和变更索赔价款的决算,共同决定了项目的最终收益和成本。在 EPC 项目竣工结算阶段,由于前期一些原因导致决算工作滞后,各种费用结算不清,遗留问题较多导致决算时间特别漫长。尤其是施工分包单位部分描述不详尽的现场签证在最终决算时引起争执,浪费双方大量时间。

平时不注意对工程资料的收集、整理、汇总,一切等到竣工验收阶段才开始进行。一方面有的资料因为间隔时间过长出现丢失,另一方面加重了竣工决算的工作负担。

2.1.2 EPC 造价管理存在问题的原因分析

1. 没有从项目整体控制项目成本

EPC 总承包模式由于可以实现设计、采购、施工、试运行的一体化,立足于项目的全过程,通过各环节的深度交叉,最终使项目总成本降至最低。在实际项目管理中,绝大多数总承包单位仍然以不全面的成本控制观念为主导:设计阶段时只考虑设计费用最低,而没有重视设计优化;采购、施工阶段只考虑采购费用、施工费用最低。另外,设计与采购、施工阶段的分离,造成施工现场工程变更频繁使项目总成本增加。这种设计、采购、施工各自关注局部优化的倾向使得在 EPC 项目管理中难以站在整体最优的高度控制总成本,从而导致忽视设计优化、忽视设计对采购阶段的成本影响而继续采用传统的包工包料的施工分包模式,以及现场签证多等一系列问题。

同时,在这种观念的影响下,总承包单位的人才规划仍以培养专业型人才为主,忽视对 EPC 项目急需的复合型人才的培养。大型工程公司虽然人才丰富,但是由于沿袭以往专业设计院或专业施工单位时的人才观念,过于细致的专业分工导致现在的 EPC 管理现场人才成本浪费,多能型管理人才缺失。在专业化思想的指导下,缺乏长远规划,岗位设置固定,未建立系统培训体系。

2. **缺乏有效的项目成本考核、激励体系**

项目成本考核包括对项目部的成本目标考核和对项目经理成本管理工作业绩考核。成本考核可以作为奖惩的依据，目的是贯彻责、权、利相结合的原则。在有效的项目责任成本制度下，项目经理和参与人员都有明确的成本管理责任，并且有定量责任成本目标。这时可以通过定期或不定期成本考核，既是督促，也可调动项目所有成员的成本管理积极性。大多数公司虽然有比较完善的成本责任制度，但实际中的成本考核却问题重重。

(1)成本考核没有体现层次性。成本考核只是公司对项目部的考核，缺乏对个人及分包商的考核。考核存在的针对性较弱，一方面难以揭示成本偏差的真实原因，另一方面导致项目参与人员对成本管理的责任心和成本节约意识较差。

(2)考核与奖罚不挂钩。考核但对考核结果不处理是很多公司存在的主要问题。对项目的考核结束后不根据考核结果来进行奖惩，导致项目参与人员成本节约积极性不高，这也难以有效落实项目管理中的责、权、利。项目完成任务或者超额完成目标没有切实的奖励。而没有完成目标成本，通过找各种客观理由推脱责任，也没有有效制约和处罚的措施，这种现象的实质是企业缺乏科学的激励和约束机制，从而导致难以调动项目人员积极性，项目管理人员成本控制意识薄弱，设计人员优化设计缺乏积极性。

3. **缺乏科学的成本估算数据基础**

科学的预测和分析方法是成本估算准确性的保障，而现有的数据信息是进行成本分析和预测的基础。项目成本估算是成本管理的起点，也是工程设计概算的控制目标，它是事前成本管理的成败关键。成本估算一般是根据历史项目的成本资料和有关数据信息，在分析当前技术经济条件、外部环境条件以及可能采取的项目管理措施的基础上，对未来成本水平提出的定量描述和逻辑推断。实践证明，科学严密的成本预测都建立在完整、有效的基本数据信息基础之上。

科学的成本预测一般需要通过如下工作流程：预测计划→环境调查→收集数据信息→建立预测模型→选择预测方法→展开预测→分析预测误差。而大多数公司成本估算的最终审核没有建立科学统一的方法，受个人主观因素影响较大。实际中多以市场部拍脑袋乘以报送估算金额的0.9作为最终的成本估算。这个0.9的系数是公司经验丰富的项目管理人员主观上根据历史项目信息归纳总结所得，没有一个客观完备的历史数据信息基础，没有结合公司现有项目管理实施水平，也没有科学的预测模型和方法。何况外部经济条件一直在变化，该公司的技术水平也在不断提高，这个0.9的系数却多年未变，成本估算的准确性当然大打折扣。

4. **没有形成长期战略合作伙伴联盟**

很多公司只注重短期局部利益，没有形成具有长期合作的战略合作伙伴联盟。如今，供应链管理已在我国得到长足发展，许多买卖双方企业之间的战略联盟和合作伙伴关系得到迅速的增长。企业越来越认识到这种伙伴关系很重要，某家500强公司的采购副总经理曾这样说："我们与上下游企业更愿意思考如何通过'盟约'而不是'合同'来管理我们之间的关系。"战略联盟产生的长期合同将产生双方的联合价值，通过信息共享、风险共担、计划协调、成本共担、需求和资源共享来增加联合价值，以实现共赢。对采购方来说，稳固的战略联盟关系能带来诸多好处。比如，战略联盟能够帮助买方获得额外的供应商技术所有权；战略联盟经常使得采购方可以从供应商那里得到更具体的成本和价格信息，以此换来扩展的合同条款，为采购方带来一定的成本节约；战略联盟比采用短期合同将降低采购方可能遇到的风险水平；最后，在战略联盟关系中采购方可以利用增强的领先优势，进一步推动供应商改进绩效，达到更高的水平。正是没有形成长期合作的战略合作伙伴联盟，从而导致在设备采购中出现的设备采购中供货不稳定。另外，采购过程中，采购人员能有可乘之机一方面是由于采购流程监督不严，另一方面也有设备采购没有形成战略合作伙伴联盟的因素。

5. **施工分包招标时对工作范围界定不严密**

施工采购采取公开招标最低价中标的模式，但是在招标工程量清单中对工作范围的界定却不详细，在施工工序要求中又没有规范的标准。这就给很多施工

单位可乘之机，他们在投标时为了竞标成功采用低价策略，然后在现场施工中想方设法频繁申请现场签证。

2.2 总承包企业的 EPC 项目成本管理改进对策

2.2.1 EPC 项目成本管理的特点及原则

1. **EPC 项目成本管理的特点**

EPC 项目成本管理要从全过程、全方位来控制项目的设计、采购、施工各环节，EPC 总承包商通过强调全过程的成本控制，充分考虑影响项目总成本的各种因素，使项目总成本降至最低。EPC 项目实施的不同阶段成本控制有不同重点。

设计阶段的成本控制有两个目的：一是降低设计的直接成本，包括设计人工费、各种材料和设备的消耗等；二是降低受设计影响最大的实体工程所需的设备、材料、建筑安装等费用。设备、材料、建筑安装费用都是由设计决定的，设计阶段考虑下游采购、施工需要，通过选择最优设计方案可使项目总成本最低。由于设计对项目总成本的影响最大，因此降低 EPC 总成本的关键在设计阶段。

采购阶段费用占总成本的比重最大，因而项目成本控制工作的成败从某种意义上说取决于项目采购成本控制的成败。采购阶段成本控制的重点在于与战略供应商建立合作关系，双方共享信息、共同解决项目中出现的问题，达到双方共赢的局面。

对于包工不包料的总承包商来说，施工阶段成本控制的重点一方面在于施工前做好施工分包的采购工作，另一方面在于材料管理和处理现场发生的变更、签证和索赔。在施工阶段，EPC 总承包商严格的管理和积极主动的变更控制，可以大大降低施工成本。

充分掌握 EPC 项目成本管理的特点，在项目各阶段抓住要点，发挥总承包商的集成优势，对有效降低 EPC 项目总成本能达到事半功倍的效果。

2. 掌握有效控制 EPC 项目成本的原则

EPC 项目的成本要得以有效控制，就要充分结合 EPC 项目成本管理的特点，在项目实施的各环节，采用恰当的措施方法把成本控制在一定的范围目标和核定的造价限额以内，最终取得好的投资效果。具体来说，要特别重视以下三项原则。

(1)重视设计的全过程成本管理。项目成本管理存在于 EPC 项目的全过程之中，但是项目前期的决策是成本管理的关键。而在决策完成以后，影响项目总成本的最大因素就是设计。经验数据表明，设计环节的成本通常只有项目总成本的 1%左右，但它对项目总成本的影响程度却高达 70%以上。设计环节的工作质量对 EPC 项目的最终效益至关重要。在我国的工程实践中，工程公司却通常将项目成本管理的主要努力集中在施工环节，严重忽视项目前期的成本管理。要对 EPC 项目成本进行有效控制，首先要扭转这种观念，将成本管理的重点转移到工程建设前期，尤其是设计阶段。

(2)动态控制与主动控制相结合。建设工程项目是一次性的努力，因此要在项目全过程中严格贯彻动态控制原则。在项目的各个阶段要定期将实际值与目标值进行比较，当实际值与目标值不符时，要及时组织分析偏差的原因，并制定相应对策以减小偏差。动态控制的偏离—纠偏—再偏离工作程序立足于调查—分析—决策基础之上，对实现项目成本管理具有重要意义。

但是，也要注意到动态控制是一种被动控制，它只能在发现实际和目标的偏差之后进行纠正，却不能提早预防可能的偏差。为了尽量减少甚至避免这种偏差的发生，还应该在项目全过程成本管理中实施主动控制。在 EPC 项目成本管理中，不仅要重视对设计、采购和施工的动态控制，更要充分主动地考虑到影响设计、采购和施工的各因素，主动地控制项目总成本。

(3)技术与经济相结合。对项目成本的有效管理可以从组织、技术、经济等多个方面采取措施。从组织上明确项目组织结构，明确项目成本管理者及任务，明确项目部管理职能分工。从技术上重视设计多方案选择，严格审查监督初步设计、技术设计、施工图设计、施工组织设计，深入技术领域研究节约投资的可能性。从经济上动态地比较项目成本的计划值和实际值，严格审查各项费用支出，采取对节约投资的有力奖惩措施。而技术与经济结合则是控制项目成本最有效的手段。通过技术比较、经济分析和效果评价，正确处理技术先进与经济合理两者之间的对立关系，力求在技术先进条件下的经济合理，在经济合理基础上的技术先进，将控制项目成本的观念渗透到各项设计和施工技术措施之中。

2.2.2 EPC 项目成本管理改进对策

1. 推行全面成本考核制度

成本责任制度可使责任成本能进行定量化分析，可划清项目成本的各种经济责任。在项目管理中，成本责任制度是成本控制的有效手段，但成本责任制必须与有效的成本考核制度结合起来才能最终实现成本目标。

有效的成本考核可通过对成本控制目标的执行情况进行考察、核实，落实成本目标到每个岗位，通过计算得出量化考核结果。当某一专业工作包任务完成后，项目经理应及时组织费用控制工程师在有效期内对工作包的工作量、投资费用进行核算，与该工作包的投资控制预算进行对比，找出偏差，分析投资费用走势。对超过预算的工作包，项目经理及时与专业室进行沟通，采取相关的措施，调整有关费用，控制投资。特别重要的是考核结果要与激励机制相挂钩进行奖罚。另外，中间过程的成本考核还能及时发现偏差并进行调整，也是动态控制的体现。

2. 建立有效的激励机制

激励机制是通过一套行之有效的制度来反映激励主体与激励客体相互作用的方式。有效的激励机制对员工的正向行为具有反复强化、不断增强的作用。物质激励是企业最常见且较有效的手段，但是如果把物质激励与精神激励有机地结合起来，将能产生更持续、更强化的作用。针对目前的实际问题，提出如下激励机制的方向。

(1)建立对设计管理的激励制度。针对设计优化对 EPC 项目成本影响巨大，在 EPC 项目中却不重视设计优化的局面，特别提出针对设计管理的奖励的制度。对设计人员的激励不能单从数量上来衡量，更要加强设计质量的控制。可通过设立设计创新奖、设计节约奖等物质与精神结合的方式来激发设计人员优化设计的积极性。

(2)建立对项目责任成本考核结果的奖惩制度。以事先确定的成本目标为依据，通过对 EPC 项目的考核结果执行明确的奖惩办法，以此对项目参与人员的成本管理积极性与责任心达到有效激发、对成本管理工作人员施加压力的目的。比如，经营计划部可对项目的项目经理制定两个目标：控制目标和挑战目标。若项目完成挑战目标，则项目经理和项目部其他管理人员可按最高比例获得项目节约奖；若项目只完成控制目标，则项目经理和项目部其他管理人员可获得最基本的项目进度奖。另外，项目完成以后，公司人力资源部可结合项目完成情况组织项目经理向公司申报优秀项目管理奖项，特别优秀的项目可组织向中国冶金建设协会争取中国优秀总承包项目奖项。同时，对于成本超标的项目组织采取一定的惩罚措施。

(3)建立对外部合作单位的奖励机制。对内严格执行成本责任制度、目标考核制度，并针对考核结果实施奖惩。同时，对外部合作单位也应建立相应的激励体制。比如对设备供应商、施工分包商等外部合作单位，可将其服务质量与奖励相挂钩，充分调动相关单位的积极性，使其勇于创新，以其为甲方创造的利益多少进行相应的奖励。

3. 推广信息化技术

(1)积极推行 ERP 以加强制度执行力。

①实施 ERP 的必要性。

信息技术的发展以及其在管理中的应用，可以极大地改善企业的管理水平。在中国，企业信息化的进程已经几十年，经历了 MRP、MRPII，再到如今广为流行的 ERP。ERP 对提高效率、降低成本、促进企业战略目标的实现具有重要意义。针对总承包企业目前广泛存在的一些问题，实施 ERP 显得非常必要。

第一，实施 ERP 系统的过程中可以对整个企业的制度、业务流程进行统一的梳理和总结，有助于现有员工再次学习公司目前制度规定。通过实施ERP过程中对制度的再次梳理总结也是员工对现有制度学习的过程。

第二，实施ERP系统可以在总结目前业务规则的基础上，固化业务流程，确保数据和流程制度的严肃性、公正性和透明性。ERP系统可以根据公司现有制度的业务流程作出强行的限制规定，保障业务按照业务规则进行，减少了过程实际操作中的随意性和变通的可能。固化了业务规则，有力地加强了制度的执行力，从而加强了控制。比如，采购中存在的“黑箱”通过ERP信息化的规范和明晰管理，有效地变成了“明箱”。

第三，实施ERP系统还可以对各子系统进行有机集成，使得各子系统之间的数据信息能够互相共享，有效地解决信息孤岛的问题，实时共享使用者权限范围以内的所有数据，为公司提供精细化的管理。在实施ERP以后，管理人员只要注意各边界值，根据统计报表中的数据与边界值的对比，就知道生产的进度是否正常，同时由于数据的透明化与系统中的预警功能，当指定的一些异常发生时，能在第一时间知道相关的情况。

第四，ERP系统可以帮助公司的高层管理人员从细节数据的审批中解放出来，有了这一个工具，高层管理就能从琐事中走出，用更多的时间与精力去关心战略性的问题，中层管理根据系统中的能力分配情况，用最多的精力去把握生产中的瓶颈问题，以达到最佳的投入与产出。

第五，目前建筑行业信息化迎来了发展的高峰，信息化建设既有激烈的产业竞争迫使企业由粗放经营向精细管理的企业内部需求，更有建设部为提升建筑行业管理水平和盈利能力，将信息化作为评价施工总承包企业特级资质的重要标准的外部要求。

②推行ERP过程的实施要点。

ERP虽然有众多优点，但是在推行中仍要注意一些问题，以免走上“不上ERP是等死，上ERP是找死”的尴尬之路。

第一，如果要推行ERP系统，就一定要充分重视。信息化改造工程不只是信息化部门的事情，更不是简单地上一两套信息化软件。信息化改造涉及企业战略梳理、组织结构的优化、薪酬考核体制的改革、业务流程改造等方方面面，是要对企业进行一个“脱胎换骨”的再造过程。这个工程中，不仅仅需要有技术方面的信息化软件提供商，更需要管理顾问的参与支持。从实际情况来看，成功的ERP项目一定要由公司第一管理者参与并作出决策。

第二，选择二次开发的信息化实施方式。信息系统有自己开发、直接购买成品软件、二次开发和全部外包等方式。目前我国的建筑行业中，ERP推行特别成功的企业并不多，软件开发商对建筑企业管理的了解非常有限。已进入这个领域的软件商虽然都在积极探索，但至今还没有真正意义上的建筑行业信息化品牌的软件商、供应商，因此直接购买成品软件不可行。而对于自主开发，如果企业的研发人员技术实力不足，则很难成功研发出大型系统。针对上述实际情况，建议相关企业采取二次开发的方式实施信息化。首先从大型成熟的品牌软件供应商处购买系统模板，再由企业技术人员和软件供应商针对实际情况二次联合开发。

第三，在推行ERP过程中，培训员工力度一定要跟上。从一些ERP失败的案例中经常可以看到,企业花了大量的投资进行了“信息化改造”,但是没有多少员工会用,更没有多少员工愿意用,最终成了摆设。企业信息化是实实在在的事情,需要企业里的每一个实际操作者切实掌握新的业务流程、养成使用习惯,同时还要鼓励这些使用者从实际操作角度提供反馈意见,以使信息化改造获得更好的效果。

(2)建立全面数据库系统。

为了适应企业现代化管理模式,有效提高成本管理水平,可将计算机技术充分应用到EPC 项目成本管理的工作之中。

①建立设备、主材的市场价格数据库,为采购阶段提供价格参考依据。另外,定期收集工程造价有关信息,比如最新建筑材料的市场价格信息、类似建筑工程的最新造价指标等,并将这些信息定期发布到内部网上实现信息共享。

②建立设计标准图数据库。首先对一些通用典型项目的设计进行规范细致的结构分解,以分项工程为准形成标准化的设计图结构单元,并按照专业类别将其归类,最终将这些标准化的设计图结构单元全部纳入标准图数据库。设计人员在设计工作中可以通过调用标准图数据库中的设计图单元,再通过组装和少量的量身设计而快速、准确地完成设计工作。这种方式将在很大程度上提高设计效率,以缓解设计力量不足的问题。另外,通过专职人员对设计标准图数据库的定期检查、维护、更新,可及时改正以往设计中的错误,而避免以往一味复制、多次重复错误设计的问题。

4. 塑造 EPC 项目管理的复合型人才

人是项目成本管理中最关键的决定因素,科学的成本管理责任体系,有效的激励制度,项目管理中责权利的落实,都体现在“人”这个因素上。为有效提升 EPC 项目成本管理水平,抓紧培养复合型项目管理人才迫在眉睫。在工程设计上一方面仍不能放松专业化的技术研究人才的培养,一方面又要重视项目现场管理中的实际情况,对部分相邻领域的设计人员通过换岗、培训塑造一人多职的能力,在小型规模的 EPC 项目中简化人员配置,降低人才成本。

2.2.3 EPC 工程总承包项目的成本管理方法

1. 提高全员的成本控制意识

EPC 工程总承包项目的成本管理工作是一项复杂的系统工程,其与每一个部门以及每一个员工的利益都是密切相关的,所以,EPC 工程总承包项目的每一名成员都应具备较强的经济观念,并且都应具备较强的成本控制意识,每一个人都应积极地参与到成本管理工作中来,从而有效并且准确地实现成本控制目标。在每一个部门都应建立一个成本控制责任网络,提高班组的经济核算能力,做好成本管理工作。

2. 在项目的设计阶段应大力推行限额设计

所谓的限额设计,就是根据已经批准了的投资估算控制结果以及可行性研究报告所进行的初步设计工作,之后再根据初步设计的成本概算控制施工图设计和技术设计,在保证工程项目具备了所有使用功能的基础上,根据投资的限额进行设计,严格地控制不合理的设计变更,从而保证成本概算是在总投资限额的范围内的。要想确保限额设计工作的顺利推行,首要的工作就是进行工程量的控制和投资的分解工作,限额设计能够更加合理地确定总承包项目的设计原则和设计标准,还能够得到相关的预算和概算资料,限额设计可以对每一个阶段进行把关,从而有效地控制投资成本。

3. EPC **总承包项目成本管理组织的建立**

首先应科学有效地将 EPC 总承包项目分解开来,之后应以项目的成本管理工作为核心,建立一个健全的成本管理组织结构体系。对于这个体系来说,其工作的重点就是要准确并且有效地控制和管理项目成本。整个成本管理团队应对项目每一个阶段和每一个环节的费用都能够全面地掌握,全面地管理总承包项目的成本,并且还能够准确地预测每一个环节的成本投资,采用科学有效的方法去降低成本,从而保证项目的社会效益和经济效益。总承包项目的管理模式建议采用"核算实际成本、控制目标成本、管理责任成本"的模式,体现成本管理组织体系的价值,严格地实行内部经济责任制。

4. **重视结算过程的管理工作**

在工程项目实施建设的过程中,如果对委托项目结算、签证确认、工程量计算以及设计变更审核等过程的处理工作不够及时,那么就会积压很多的问题,可能也会错过最佳的解决问题的时机,而在竣工的结算阶段,施工人员可能已经离开了施工现场,那么隐蔽工程就已经被覆盖了,资料也可能不齐全和准确,那么就可能出现事实确认不清和扯皮的现象,对结算的质量和进度也会带来影响,所以从 EPC 工程总承包项目的实施阶段就应及时地审核清单工程量,签证、另委项目以及设计变更建议"一单一算",同时应严格地实行各项结算管理办法,发现问题时应充分分析其原因并制定有针对性的改善对策,重视结算过程的管理工作,真正做好总承包项目的结算管理工作。

2.3 EPC 项目实施全过程的成本改进对策

2.3.1 项目前期改进对策

1. **提高项目成本估算的准确性**

成本估算是项目管理前期的一项关键工作,是项目实施阶段以及项目后期的成本控制依据。成本估算直接影响到项目的决策结果、控制效果,甚至影响到项目能否顺利完成。针对成本估算不准确的实际情况,提出以下措施。

①明确项目的工作范围。EPC 项目的成本估算是 EPC 项目建设全过程的总成本,要确保投资估算的准确就必须保证在项目估算之前对项目工作范围进行完整界定。在对过去项目经验的不断总结及积累的过程中,逐渐明确项目成本估算的范围,并把成本估算逐层分解细化,满足成本估算编制的要求。另外,估算时明确项目工作范围对项目施工分包招标阶段的工作界定也有极大帮助。

②编制企业定额,掌握最新市场价格信息。成本估算编制依据的准确性决定成本估

算的准确性。经验表明，如果掌握的信息越全面、资料越完备，编制的成本估算就能越准确。而建立企业定额可以充分保证投资估算依据的科学性、真实性，再通过最新市场价格情况及变动趋势进行一定的修正，就能得到更加准确的成本估算。

③合理运用各项造价指标。对各种投资估算指标、技术经济指标、政策性收费等指标合理运用，对项目的成本估算具体估量。例如要结合项目的实际情况，依据项目的性质进行分析计算，要充分考虑项目的建设规模、建设标准、建设地点、周边环境、建设时期等相关影响因素，选用合适指标，而非生搬硬套的借用。

2. 重视项目的设计优化

工程设计文件是 EPC 项目土建、设备采购和安装及施工的重要依据，拟建项目最终能否保证质量、进度并能节约成本，都取决于设计质量。对于一个工程项目来说，在建成后能否获得满意的经济效果，在决策以后设计工作起着关键的决定作用。

项目成本管理贯穿于项目建设的全过程，而设计阶段的工程成本控制则是整个项目成本控制的枢纽。

控制整个工程项目的成本关键是在设计阶段。如果在设计的全阶段都能将控制成本投资的目标贯穿其中，就能保证选择恰当的设计标准和合理的功能水平。设计对项目成本所起到的几乎是决定性的作用。而 EPC 项目更要充分发挥设计的主导作用，高度重视项目设计阶段的成本管理，加强设计优化。在项目设计阶段的成本控制方法主要是推行限额设计，通过层层限额、层层测算来实现对成本的管理。限额设计是控制设计阶段成本的有效方法，效果也比较显著。但除此之外还可通过以下两个方法对设计阶段的成本加强管理，改善设计阶段存在的问题。

(1)依据价值工程的理念控制设计阶段的成本。价值工程是以产品的功能分析为核心，以提高产品的价值为目的，力求以最低寿命周期成本可靠地实现产品的必要功能的创造性活动。价值工程涉及价值、功能和寿命周期成本三个基本要素，其基本思想是以最少的费用换取对象的必要功能。价值工程中“价值”的定义为：对象所具有的功能与获得该功能的全部费用之比。即：$V=F/C$(式中，V 为“价值”，F 为功能，C 为成本)。功能是技术性指标，成本是经济性指标，对功能和成本同时进行分析就将技术与经济相结合，可以说价值工程活动的全过程，实际上是技术经济决策的过程。将这一理论应用到工程设计中就是要对建筑和工艺进行功能分析，通过功能细化，辨别必要功能和多余功能，在工程设计中去掉不必要的功能，以达到工业建设产品的最大价值，最终达到节约整个项目成本的目的。同时，运用价值工程的分析结果，还可以识别各对象的成本水平，预先对整个项目的成本组成有一定了解，对成本高的功能对象实行重点控制。

(2)加强设计变更的管理工作。尽量将必须发生的变更提前，因为变更发生的越早，对项目的影响就越小。比如，一个同样问题的变更如果发生在施工图设计阶段只需要设计人员修改图纸即可，而如果发生在施工的过程中，就将可能导致拆除返工等额外的工程量，造成人员、机械、材料等的成本损失。因此就要求总承包商重视施工前的图纸会审和技术交底工作，尽量将设计变更提前，减少施工实施中的变更。

3. **建立规范科学的采购机制**

物资采购时可借助于历史项目数据以及本次采购目录和清单，把整个工程需要采购的所有设备的数据进行搜集和对比分析。在采购预算下，通过采用标准化的采购流程，尽量实施大规模的采购和就近采购来完成采购任务，逐步合理降低采购成本。物资采购的首要任务是满足进度和质量的要求按时完成项目，以便获得预期利润，否则任何延期和质量问题都将抵消预期利润。

总包商在多数情况下都是在事先和主要设备供应商确定供货成本并对相应设备和材料进行成本分析后才确定总包价格。因此，总包商要在尽可能短的时间里寻找和锁定所采购设备的成本，预防实际采购成本突破计划成本，成本管理中需要针对具体采购项目进行具体分析，由于采购设备无论在价值、重要性和技术复杂性方面都不是均衡的，不可能通过一种方式进行采购，所以必须根据不同设备的具体特点制定有针对性、差异化的采购策略。同时，设备采购要根据调试经验、运行反馈、历史数据、设计推荐等多重评价择优而行。

建立科学的采购机制，改善过去采购管理中存在的问题，提升采购管理水平，可从以下几个方面作出努力。

(1)加快战略合作伙伴关系的建立，对标准件的采购尽快实现订单式采购，实现采买的设备、材料性价比最优、实现利润最大化。有选择地对合作过的信誉比较好的制造商进行调查，了解其生产规模、生产管理、技术力量、企业实力、服务等方面的情况，经综合评审后确定为战略合作伙伴关系的制造商，确定其各种产品对公司的优惠价格，实现相对稳定的采购渠道，提高工作效率。同时加强采购系统知识及设备成本分析的培训，提高采购经理的综合素质，力争更多的设备实现订单式采购。

EPC总承包商从具有合格供货厂商资格的战略合作伙伴处采购设备、材料，既能得到合理的价格，又能保证采购物品的供货质量和进度，避免不合格产品返工造成的时间和成本的浪费。

(2)规范采购流程。在整个采购过程中，由采购经理全权负责而缺少监督，而且采购与设计脱节，不能体现设计优化的思想，因此提出新的流程。新流程中加入设计经理和控制经理对采购流程的参与，同时要求审计部门全程协助项目经理进行监督，从而有效避免部分采购人员个人问题给项目采购成本带来的负面影响，具体流程见图2-1。

另外，对询价厂商可作出如下新的规定：询价厂商的来源由采购经理根据以往与公司合作的业绩选择2～3家供货厂商，去根据技术要求选择2～3家，由施工部审核，确定3～4家供货询价入围厂家，删除不合格厂家，增补关键、主要厂家。将供货询价入围厂家名单报项目经理审定。

需要业主共同确定候选询价供货厂商的，由采购经理负责报业主确认。重要项目以及项目经理与采购施工部在询价入围厂家名单有分歧的需报公司主管领导。

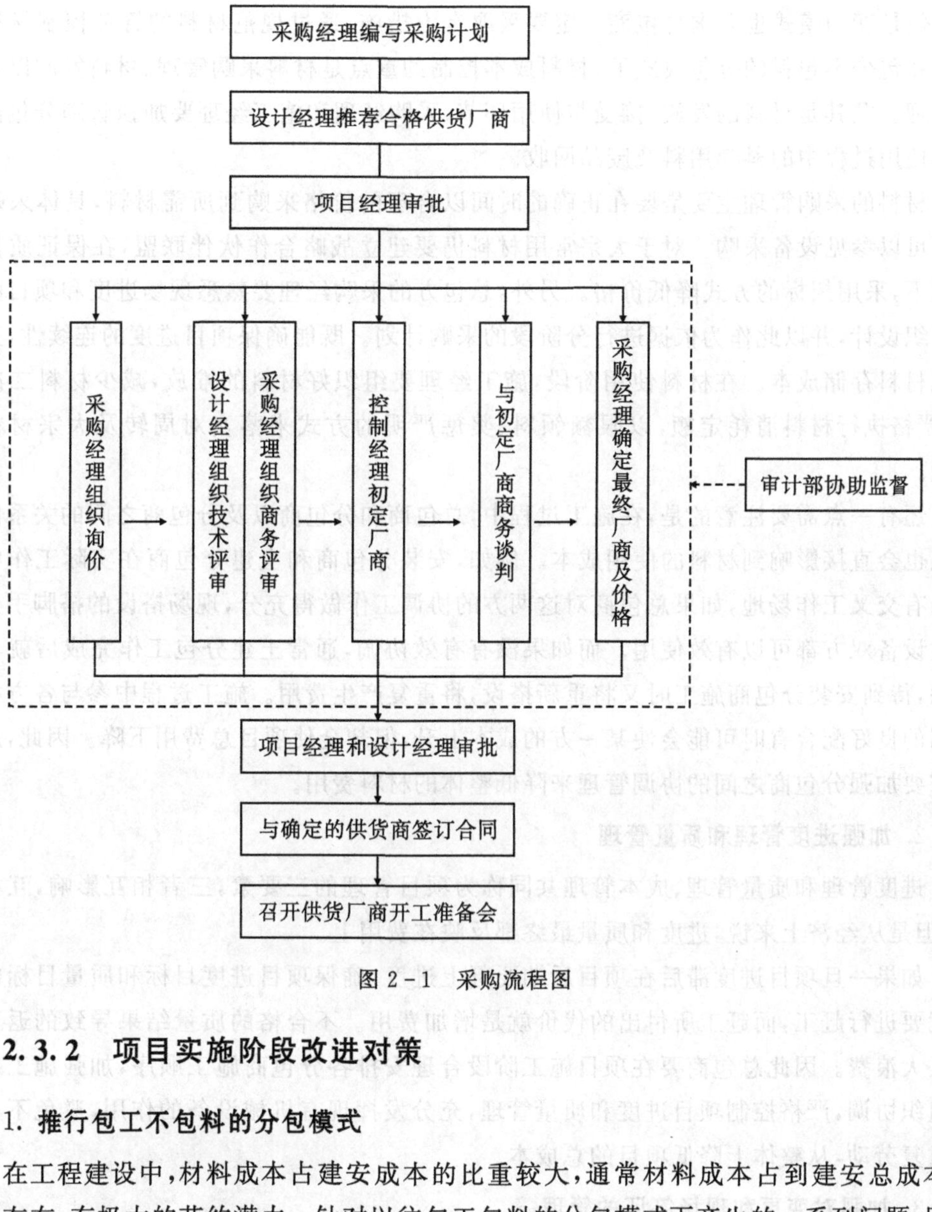

图 2-1 采购流程图

2.3.2 项目实施阶段改进对策

1. 推行包工不包料的分包模式

在工程建设中，材料成本占建安成本的比重较大，通常材料成本占到建安总成本的40%左右，有极大的节约潜力。针对以往包工包料的分包模式下产生的一系列问题，因此提出包工不包料的分包模式。

包工不包料的分包模式一方面可以有效地将材料采购纳入设计程序，使材料供应商参与项目设计，考虑项目需求，设计也能充分发挥材料特点，最终突破设计、采购、施工的组织界限，实现总承包商和分包商的信息共享，共同降低项目总成本达到双赢。一方面总承包方可以直接控制材料，减小成本控制难度。比如总包商可以对材料的市场价格波动提早采取措施。在 EPC 项目中，业主一般采用总价包死的方式计取总包合同价。如果预期某些大宗材料如钢铁、水泥等价格将会出现大幅上涨，一方面总承包商可以利用购买期货等方式来锁定成本，一方面可以事先跟业主争取“采购成本加酬金”的代购方式来预防损失。

但是新的模式也要求总包商一定要采取有力措施，通过规范材料的管理控制材料成本。在包公不包料的分包模式下，材料成本控制的重点是材料采购管理、材料发放以及使用管理。尤其是材料的发放、接受与使用环节，采购经理和施工经理要加强管理分包商在材料使用过程中的科学用料及废品回收。

材料的采购管理主要是要在正确的时间以合理的价格采购到所需材料，具体采购的流程可以参见设备采购。对于大宗常用材料仍要建立战略合作伙伴联盟，在保证质量的前提下，采用招标的方式降低价格。另外，总包方的采购经理要熟悉现场进度和项目的施工组织设计，并以此作为依据进行分阶段的采购计划。既能确保项目进度的连续性，又能降低材料存储成本。在材料使用阶段，施工经理要组织好材料的堆放，减少材料二次搬运；严格执行材料消耗定额，以限额领料、奖惩严明的方式来落实对周转及大宗材料的管理。

还有一点需要注意的是，在施工过程中，总包商和分包商以及分包商之间的关系协调情况也会直接影响到材料的使用成本。例如，安装分包商和土建分包商在实际工作中经常会有交叉工作场地，如果总包商对这两方的协调工作做得充分，现场搭设的搭脚手架和运输设备双方都可以有效使用。而如果没有有效协调，通常土建分包工作完成后就马上拆除，待到安装分包商施工时又将重新搭设，将重复产生费用。施工过程中参与各方相互之间的良好配合有时可能会使某一方的成本上升，但却会使项目总费用下降。因此，总包商需要加强分包商之间的协调管理来降低整体的材料费用。

2. **加强进度管理和质量管理**

进度管理和质量管理、成本管理共同称为项目管理的三要素，三者相互影响，互相制约，但是从经济上来说，进度和质量最终都反映在费用上。

如果一旦项目进度滞后在项目后期要赶上进度，确保项目进度目标和质量目标的实现就要进行赶工，而赶工所付出的代价就是增加费用。不合格的质量结果导致的返工更是巨大浪费。因此总包商要在项目施工阶段合理安排各分包商施工顺序，加强施工现场的组织协调，严格控制项目进度和质量管理，充分发挥现有机械设备的作用，避免不必要的重复劳动，从整体上降低项目的总成本。

3. **加强对变更和现场签证的管理**

在建设项目的施工过程中，不可避免地会发生工程变更和现场签证。尤其总承包商一方面是自己对业主的变更索赔，一方面是施工分包方对自己的变更索赔。因此费用控制经理必须熟悉合同条款和现场情况，出现变更的时候尽量及时办理相关手续，有效利用EPC合同条款维护本公司利益，谨慎对待分包商的变更索赔请求，并且尽量将变更金额在施工过程中进行确认，对所有的变更和签证注意文件和记录的完整性，为竣工结算的顺利完成提供依据。

2.3.3 项目后期改进对策

项目后期的主要工作是进行竣工验收和决算，竣工决算是最终确定项目成本和收入的环节。在这个时期对 EPC 总承包商来说，一方面要对施工单位进行费用决算，一方面要与业主进行竣工决算。两方面的工作内容都包括合同内价款结算和变更索赔价款的结算。针对竣工决算阶段扯皮现象普遍从而导致竣工决算耗费时间过长的问题，提出如下建议。

(1)及时准备竣工验收资料。项目经理要尽早安排项目验收资料的收集、整理，对各分包单位提交的阶段性竣工资料进行分析归档，确保完工交付竣工资料的完整性。

(2)在施工阶段做好设计变更、工程签证、隐蔽工程验收等现场情况记录文件的完整性基础上，重视竣工结算的审核工作。

(3)以竣工图纸、设计变更单和现场签证为准审查工程量计算，超出设计图纸要求而无签证的工程量坚决不予以认可。

(4)重点审查各项取费标准是否符合规定，尤其注意安全文明施工费、规费是否符合当地的规定和定额要求。

第3章

EPC设计阶段工程造价管理

EPC管理模式作为一种全过程管理模式，其工程造价管理体现的也是全过程管理思想，其管理范围涉及前期设计、后期采购及施工的相关内容。本章节主要从设计、采购及施工核心阶段入手，分析了各阶段造价管理的影响因素并提出相应的实施策略，其中对设计阶段作了重点论述。总承包商应针对不同阶段采用合理的造价管理方式和手段，统筹、协调各阶段之间的工作与管理，确保各阶段工程造价得到有效控制，尤其是运用集成管理的思想做好设计、采购和施工相互之间的接口管理，合理安排项目实施阶段各专业工作的交叉、搭接，以提高工作效率，有效缩短项目工期。

3.1 EPC设计阶段造价管理

3.1.1 EPC设计阶段造价管理的概述

设计阶段的成果与整个建设项目的投资效益是密切相关的，设计的高质量保证采购的高质量，可减少施工阶段工程变更的次数，显著提高施工质量，实现工程建设的优质高效，并实现造价控制总目标。设计所形成的文件将作为后续工程招标投标的依据、工程施工的全部内容。设计成果的好坏将直接影响招标阶段的合同价、实施阶段的成本控制以及竣工阶段的结算总价。但是，在设计与施工由两个不同主体承担的情况下，两者出现脱离、分割，设计与施工难以统筹考虑，因而设计阶段的重要性通常不被重视，造成工程造价管理中"三超"现象十分常见，这也反映出传统模式下工程造价管理存在一定的缺陷。因此，现代工程造价管理将焦点转向设计阶段而非局限于施工阶段，这样更体现一种事前控制、主动控制以及动态控制的管理理念。设计阶段要从全过程造价管理的角度考虑限额设计和价值工程的结合原则、设计的可施工性原则，力求做到经济和技术的匹配。EPC模式的显著优势就是设计和施工都由同一主体承担，使两者可统筹兼顾。

EPC模式下，首先，总承包商基于业主所提出的项目预期目标、功能要求，对项目所包含的全部工作负责执行与协调，克服了传统平行承包模式所造成的各主体各为己利和衔接不当；其次，设计、采购和施工的一体化管理，使得设计工作由传统模式下单纯的设计工作转变为基于项目全寿命周期的设计管理，有效降低了变更、纠纷和索赔的发生概率，使各个阶段衔接紧密，达到全面提升总承包项目设计的集成管理能力；再次，EPC模式下设计阶段的工作纳入到总承包任务之中，使其与后续施工及采购工作发生紧密联系，使设计起到了"领航"与"集成"的作用，更加突出了设计的重要性，总承包商应充分发挥设计优势来做好EPC项目工程造价的整体控制。因此，EPC模式下设计阶段的造价管理充分体现了全过程造价管理的思想，进一步推进了全寿命周期造价管理的应用，更展现了当代工程造价管理的科学理念。其主要工作流程见图3-1。

设计是在技术和经济上对拟建工程的实施进行的全面安排，也是对工程建设进行规划的过程。设计阶段一般可分为三或四个小阶段来控制建设工程造价，从方案阶段、初步设计阶段、技术设计阶段（扩大初步设计阶段），到施工图设计阶段。由此可见，施工图预算是确定承包合同价、结算工程价款的主要依据。设计阶段的造价控制是一个有机联系

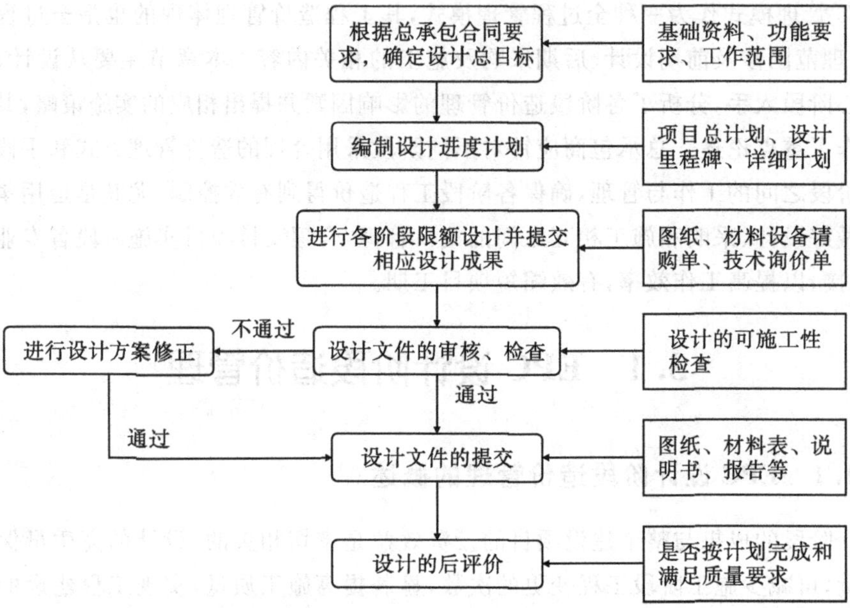

图 3-1 EPC模式下设计阶段的主要工作流程

的整体，造价控制是一个全过程的控制，设计各阶段的造价（估算、概算、预算）相互制约、相互补充，后者控制前者，共同组成工程造价的控制系统。同时，造价控制又是一个动态的控制。从上面对各阶段造价控制的特点不难看出，设计阶段的造价控制是非常关键的。设计各阶段的特点见表 3-1。

表 3-1 设计各阶段的特点

工 序	设 计 各 阶 段 特 点
(1)方案阶段	进行工程设计招标和设计方案竞选，根据方案图纸，制作出含有各种专业的详尽的建安造价估算书
(2)初步设计阶段	应根据初步设计图纸编制初步设计总概算，概算一经批准，即为控制拟建项目工程造价的最高限额
(3)技术设计阶段（扩大初步设计阶段）	应根据技术设计的图纸编制初步设计修正总概算；这一阶段往往是针对技术比较复杂，工程比较大的项目而设立的
(4)施工图设计阶段	应根据施工图纸编制施工图预算，用以核实施工图阶段造价是否超过批准的初步设计概算；以施工图预算或工程量清单编制的标底进行招标投标工程，要以中标的施工图预算或工程量清单作为确定承包合同价的依据，同时也作为结算工程价款的依据

3.1.2 设计阶段对 EPC 建设项目工程造价的影响

1. 设计阶段在 EPC 项目实施的过程中起着“领航”的作用

首先，设计是将决策变为现实、将可行性方案变为可施工性方案的最直接方式。而最终的设计成果也是指导工程项目实施的技术经济文件和开展后续工作的直接依据。其次，在EPC模式下，设计工作贯穿EPC项目全过程，将设计与采购、施工进行合理搭接，将明显缩短工期，如EPC项目中不同设计环节完成相应的设计工作后陆续向采购部门提交相应的物资请购单，相继开展物资的采购，保证物资采购、进场的准时性，若等到几乎全部设计工作完成后才开始后续工作，无疑会导致项目工期的拖延，使风险发生的概率也随之增加，必将造成工程成本的增加，完全埋没了EPC模式能显著缩短工期的优势，这是非常不利于该模式的成功运作的。最后，设计质量是开展造价相关活动的基础和保障，因为各阶段设计成果是进行工程量计算的直接依据，很大程度上决定了设计概预算的准确性。因此，设计在EPC工程项目的建设过程中起着“领航”的关键作用，带动后续工作紧凑跟进。

2. 设计是影响工程造价管理的关键因素

设计阶段造价管理的特殊性表现在设计本身费用占EPC项目总费用的比例很低，但设计对后续阶段和整个项目的工程造价的影响都很大。由图3-2可知，设计阶段提供了节省成本的最大的空间，是控制工程总造价的关键所在。EPC模式下设计阶段能够更好地考虑到下游采购与施工的要求，较准确地估算项目的建筑安装工程的材料、设备、安装等主要费用，制订科学合理的工程进度计划、设计优化方案及施工组织设计方案，如材料及专业设备的准时采购计划、设计方案的优选、施工方案的优化以及机械设备的优选等，这些都将提升造价整体的控制效果。其次，总承包自行完成设计任务，能更主动地控制设计质量，将施工阶段可能发生的设计变更尽量在设计阶段就能充分考虑并解决，而对无法避免的问题需作变更时，可提前至设计阶段解决，变更发生的时间越提前对造价的负面影响越小，而越靠后造成造价管理的效果越差。

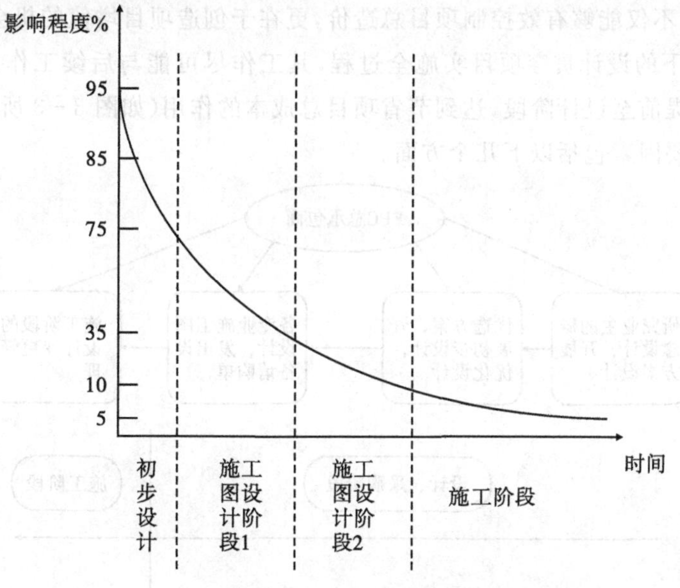

图3-2 工程项目不同阶段对工程造价的影响程度

3. 技术与经济的相统一、相协调是设计工作的重要理念

现代工程设计的重要理念是将工程技术与经济进行合理统筹考虑，较传统的"重技术，轻经济"的设计理念，前者更加体现现代设计的科学合理性与经济可行性，强调了以全寿命周期造价管理作为设计实施的指导思想。技术与经济在一定的程度上是辩证统一的关系，采用先进的技术通常会导致实施阶段费用的增加，但在项目建成后运营过程中可能会大大减少运营及维护成本，即从全寿命周期角度降低了项目运营、维护成本。其次，设计人员往往缺乏经济分析意识，基于满足业主高标准的要求而过于提高技术、质量和安全标准，而进行保守设计，造成资源浪费。因此，EPC 模式下，设计部门应集成技术、经济和组织三个方面进行管理，设计人员应配合造价专业人员综合考虑技术与经济的关系，设计人员权衡各种技术对项目后期可能产生的影响，造价人员做好相应的经济分析，二者相互协作追求技术与经济协调统一，而非不计成本单向追求高技术、新材料的采用。如工程设计过程中，设计部门会同造价人员参与全过程限额设计，强调技术人员在作出重要决定时充分考虑相关的经济指标，对比、分析和评价技术和经济两个指标，科学看待经济合理与技术先进的辩证统一关系，从而把两者的统一性作为造价控制的思想渗透到具体的方案设计中，最大限度地将先进可行的技术与有限的经济统一起来，满足全寿命周期费用最小化的目标。

3.1.3 EPC 设计阶段影响工程造价的主要因素

EPC 模式区别于 DBB 模式的最大不同在于总承包商不仅承担几乎所有的设计工作，还需负责业主所提供的概念设计的准确性；总承包商应着重分析 EPC 项目设计过程中影响工程造价控制的关键因素，并根据这些因素深入对设计阶段的各项工作进行组织、改进与创新，这不仅能够有效控制项目总造价，更在于创造项目增值的机会。

EPC 模式下的设计贯穿项目实施全过程，其工作尽可能与后续工作发生联系，将创造价值的时间提前至设计阶段，达到节省项目总成本的作用(如图 3－3 所示)。设计环节影响造价的主要因素包括以下几个方面。

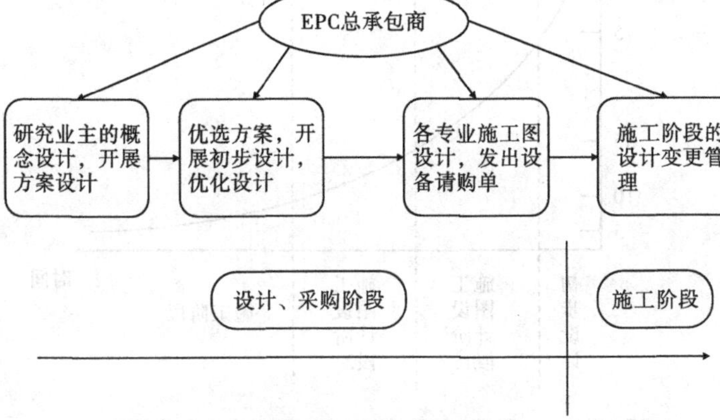

图 3－3 EPC 模式下各阶段设计的工作内容

1. **设计优化**

合理化的设计不仅影响工程建设的最初投资，而且还影响使用阶段的运营维护费用，但通过合理化的设计尽可能创造两者的最优结合，保证建设项目的全寿命费用最低。好的设计方案为工程造价管理奠定好的基础，因此提高设计环节总体质量的主要途径就在于优化设计。例如以方案设计为例，总承包商在仔细理解与研究业主的预期目标或概念设计后，进行设计方案的拟定。方案设计关系着初步设计、专业施工图设计，指引着后续设计、采购及施工工作的顺利进行，因此，总承包商应特别重视方案设计阶段的管理，将工程造价管理的工作重点前移至设计的最初阶段，运用价值工程做好方案设计优化，同时强调多方参与确保最初方案满足业主要求，为后续设计打下坚实基础。总之，总承包要做好设计优化的管理应从组织、合同、经济、技术等角度多方面进行考虑并制定相应措施，如做好深化设计管理强调从组织角度加强造价管理，推行限额设计与价值工程的结合从经济与技术相统一的原则加强造价全过程管理。

2. **设计交流**

设计交流反映到本质上就是信息交互的程度。工程项目中信息传递的及时性、准确性在一定程度决定项目造价控制动态性的程度。设计过程中，变更和修改司空见惯，不仅需要设计各专业人员之间讨论交流，还需要与业主、采购、施工相关代表交流，确保信息的一致性，使得整个施工顺畅，因为在设计遗留的问题将在施工阶段急剧放大，造成后果更严重。据统计，由信息交流引发的问题导致工程变更和工程实施错误而造成的费用增加约占项目总成本的3%～5%，尤其对于大型工程更显严重。EPC模式下的设计管理应加强信息传递与反馈，它应运用集成化的管理思想进行信息集成管理，其主要体现在两个方面：一方面是指设计内部各专业人员之间保持信息传递通畅、及时，相互交流各自设计思想，提出设计疑问或意见，共同解决设计难点与冲突，使设计内部的工作达到和谐、高效的状态；另一方面是指设计部门与采购、施工等外部做好信息接口管理，使设计与采购、施工有效衔接，使设计信息能及时反映到采购、施工工作以验证设计的科学、合理性。集成化的管理实现了设计内外交流的可行性，使得信息流、工作流在各设计阶段传递通畅，控制设计输入和输出的准确性，确保设计的可采购性、可施工性。

3. **设计的可行性**

设计的可行性是现代化造价管理的重要理念，它能有效避免由设计不合理而引起的返工、工期延误、资源浪费等。总承包商在进行设计工作时应注入可行性的理念，即设计符合技术与经济的合理性、统一性，即不仅满足限额设计与价值工程的要求，而且满足“设计—采购”的可行性与“设计—施工”的可行性。首先，设计以限额为控制目标，以价值工程为实施方式，达到限额设计与优化设计的目的。EPC模式创造了设计与采购、施工集成管理的可行性，因此设计更应注重施工可行性与采购准时性。例如，设计阶段切实涉入施工的丰富知识和实际经验，提高设计方案付诸实际的可行性，为后续施工组织设计制定更为科学、可行的施工方案，如构件吊装、运输方案的制订、设备安装方案的制订等。其次，设计会同采购，考虑设备、构件的规格是否满足标准化、质量是否满足强制性标准与施工质量要求、设备是否满足采购的经济性，因而将设计与采购、施工进行适当并行搭接实现设计的可实施性有利于工效的提高、资源的优化。

3.2 EPC设计阶段工程造价管理措施

EPC模式下设计阶段完成的设计图纸和文件作为工程预结算的主要依据，是整个项目工程造价控制的关键环节。因此，总承包商应主动采取科学措施以做好设计阶段的各项工作，提高设计输出质量，把握住EPC模式下设计控制工程造价的关键阶段。

3.2.1 加强深化设计管理

EPC模式下，总承包商应从根本上转变传统模式下的设计方法和观念，建立适应EPC项目特点的设计管理体制，使设计环节真正纳入到EPC项目管理当中；此外，该模式下业主基本上提供的只是EPC工程项目的概念设计，总承包商需要完成该工程项目的初步设计及施工图设计。在整个设计过程中，总承包商可将初步设计及施工图设计可以看作是深化设计的具体体现，通过深化设计管理来完善整体设计工作。

1. 建立深化设计的组织构架

项目的目标是实现工程总造价的集成管理，而目标的实现必须要有可靠的组织保障，组织是目标能否实现的决定性因素。总承包商可以结合具体工程项目来成立深化设计组织，由深化设计经理牵头，配以工程管理部、设计部、工程采购部和工程财务部的有关负责人及技术负责人。深化设计管理部的主要目的是明确总承包商各部门各层级各专业人员在设计工作中的职权与义务，在深化设计经理的统一的指挥、监督及管理下，形成分工明确、职责清晰、专业互补的组织构架，并协调、掌控相关分包商的专业设计工作，促使各分包商按照总包商设计组织构架进行相应工作人员的配置，使这个深化设计系统有效地进行。因此，深化设计组织可看作是一个集成化的多专业、多功能团队，应突出团队成员之间工作协同、信息透明。

2. 制定深化设计管理模块

EPC模式下的工程总承包商在组建深化设计组织后，随即应制定相应的设计管理模块，明确设计管理的内容，开展深化设计的横向管理，即主要为深化设计的进度、质量、成本方面的管理。首先，项目总工期目标的实现主要是以深化设计进度管理为基础保证，即按时、按质、按量提供各节点的设计文件。在此过程中，设计进度应与设计质量、采购进度、施工进度等结合，确保设计工作有节奏、有秩序、协同有效地进行。其次，设计质量很大程度上影响着工程质量的安全可靠性，即设计成果的质量是保障工程实体质量的前提，因而深化设计在一定程度上对整个EPC工程质量保证具有决定性的影响，可见，设计质量的管理效果影响着经营目标的实现，因此，设计的质量管理是整个项目工程造价管理目标实现的可靠保障。最后，EPC模式下设计成本贯穿于项目设计管理的全过程，设计成本是属于总承包项目总成本的一部分，即属于总承包商造价管理的内容。

项目一经开展后，就已进入项目设计成本控制的阶段，其控制关键在于总承包商综合集成技术、经济、组织、合同与信息等方面做好设计集成管理，使资源得到科学优化配置，使浪费最小化，优化设计成本。因此，在建立深化设计组织构架后，总承包商应制定相应的管理模块进行填充，才能形成一个完整且有效运行的系统。

3.2.2 加强合同管理

EPC 模式下合同管理贯穿于整个项目实施全过程，是目前工程造价管理的重要依据和方式之一。传统模式下施工阶段注重从合同管理方面做好造价管理工作，而 EPC 模式下设计工作同样涉及了总承包项目建设全过程，因而加强合同管理同样是把握 EPC 设计阶段造价管理的重要措施。

一方面，在设计准备阶段，设计部门必须仔细研究各类合同，明确合同内容，将工作的开展基于符合合同要求的前提。首先，合同的内容涵盖了与造价相关的内容，如计价方式、计价依据、材料价格调整、变更处理方式、调整合同价款方式、进度要求等，这为造价人员配合设计做好相关经济指标分析提供直接参考。其次，合同的内容涵盖了与设计工作相关的内容，如项目的总体目标、功能要求以及规范标准等，因此总承包商应制定履行合同内容的管理模块，主要包括设计进度模块、设计质量模块、设计成本模块、设计变更模块等。

另一方面，总承包商从设计最开始加强合同管理，充分利用合同条件为自己提供最大的保障，尽量减少承担的风险，为设计阶段工程造价控制提供有力依据，如订立合同时，确保内容完整，用词严谨，条款细致，面面俱到；又如变更通常导致费用增加和工期调整，若总承包商对各类变更的管理缺乏重视，则累计变更的费用增加极大可能会导致工程最终造价超过预期目标。因而工程总承包商应特别重视设计变更管理，对设计变更实行分类处理，合理划分各方应承担的设计变更责任。

3.2.3 加强设计的集成管理

EPC 模式下设计管理呈现的集成化主要体现在纵向的集成管理与横向的集成管理。

1. 设计的纵向集成管理

设计的纵向集成管理主要表现为接口管理，指的是设计与上游业主和下游采购、施工工作之间的管理，将设计与前期业主所提供的项目目标与后期的采购、施工进行综合考虑。

①设计阶段，设计人员应仔细研究业主的预期目标、功能要求，明确设计方向，同时与业主做好接口管理，让业主参与各里程碑设计准备阶段，保证最初的设计是基于业主期望的目标上开展。

②后续阶段，执行设计与后续采购、施工的集成管理。首先，设计部加强与采购部的工作联系，专业设计时按设计进度要求编制设备、材料请购单供采购部门使用，响应大宗材料、关键设备的供货需求，确保采购进度和项目总进度。其次，将可施工性理论融入具

体设计的全过程，让具有丰富经验和知识的施工专业代表会同采购人员代表参与设计工作，多方共同协作由价值工程优选材料设备、设计方案，提高设计的可施工性与可采购性，避免造成不必要的重复工作，减少误工、返工导致的额外浪费，图 3－4 所示为设计可施工性的管理。另一方面，施工管理人员参与全过程设计不仅满足设计的可施工性，而且能使其在项目施工前已对图纸内容具有相当程度的认识，明确设计理念，在施工准备过程中将省去大量涉及熟悉图纸、提出疑问、解决问题的时间，能明显加快项目实施进度，实现了设计和施工的工作协同。

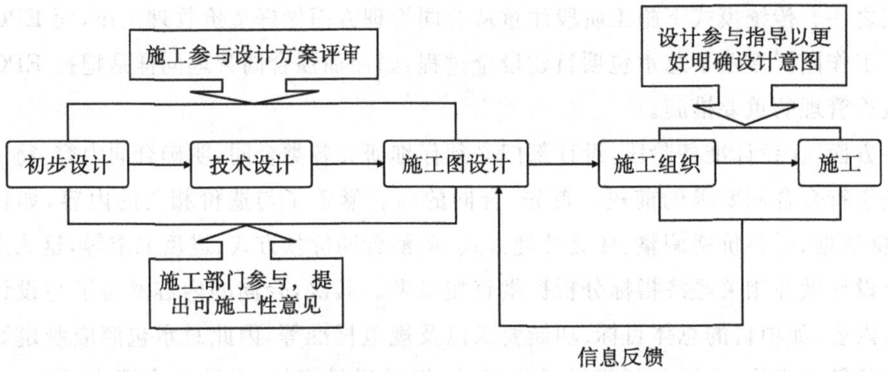

图 3－4　EPC 模式下设计和施工的集成管理

2. **设计的横向集成管理**

设计的横向管理主要表现为全方位管理，包括内部集成管理与外部集成管理：前者主要是专业人员之间的集成管理，即各专业设计人员之间以及设计与造价、采购和施工等人员之间的集成管理，如设计部门发出的变更信息应及时送达造价方、采购方、施工方，各方尽早作出响应，确保项目实施顺畅；后者主要是设计部门与业主、总包商、分包商及供应商之间的管理，如设计部门将各里程碑的设计结果及时向项目总部汇报，会同项目业主、分包等有关各方共同讨论、评价该阶段设计成果的可实施性，同时各方人员可向设计提出改进意见或疑问，明确设计意图，更准确地将设计理念贯彻到后续工作中。做好设计的横向管理加强各专业、各部门以及不同利益主体的信息交流和反馈，减少各专业、各部门、各方之间的冲突，使信息成为整个 EPC 项目贯穿始终的主线，精准、及时控制 EPC 项目全过程造价。

3.3　EPC 设计阶段工程造价管理的优化措施

设计的优化工作对于控制 EPC 建设项目工程造价更具实际可操作性意义。本书提出的设计优化集成限额设计与价值工程的两种原理，即将这二者进行集成运用以实现设计全局优化。限额设计主要是从经济角度达到工程造价的控制，而价值工程是从技术与经济两个方面来综合考虑方案的优化与优选，实现工程造价合理科学控制。设计的优化不只是强调节省成本，而是要正确考虑技术与经济的制约关系，总承包商集成限额设计与价值工程是进行设计阶段工程造价集成控制的科学手段，体现经济与技术相统一。

3.3.1 价值工程

1. 基本概述

价值工程(value-engineering,简称 VE)是工程项目管理和工程造价管理中广泛应用的主流方法和重要工具。它强调的是技术与经济的紧密结合,其目的是以最低的成本实现对象应必备的功能,并结合技术、经济将提高功能和降低成本进行统一以制定最优方案。

价值工程涉及的价值、功能、成本三要素用数学公式表达如下:

$$价值(V)=功能(F)/成本(C) \tag{3.1}$$

功能可解释为功用、作用、效能、用途、目的等。对于一件产品来说,功能就是产品的用途、产品所担负的职能或所起的作用。

功能是包含许多属性的,为分清它的性质,价值工程中一般将其分为以下几类:

(1)按重要程度标志,将功能划分为基本功能和辅助功能。基本功能是指实现该事物的用途必不可少的功能,即主要功能。例如,钟表的基本功能是显示时间。基本功能改变了,产品的用途也将随之改变。确定基本功能应从用户需要的功能出发。可以从它的作用是否是必需的、主要用途是否真是主要的、其作用改变后是否会使性质全部改变等三方面来考虑。

辅助功能是指基本功能以外附加的功能,也叫二次功能。如石英钟的基本功能是显示时间,但有的附加了音响、日期等辅助功能。辅助功能可以依据用户需要进行改变。

(2)按满足要求性质的标志,将功能划分为使用功能和美观功能。

使用功能是指提供的使用价值或实际用途。使用功能通过基本功能和辅助功能反映出来,如带音响的石英钟既要显示时间又要按时发出声音。

美观功能是指外表装饰功能,如产品的造型、颜色等。美观功能主要是提供欣赏价值,可起到扩增价值的作用。有些产品纯属欣赏的,如美术工艺品、装饰品等。有些产品不追求美观,如煤、油、地下管道等。有些产品要讲求美观功能,如衣着等。

(3)按用户用途标志,将功能划分为必要功能和不必要功能。

必要功能是指用户要求的需要功能。如钟表的"走时"功能是必要功能。产品若无此功能,也就失去了价值。必要功能包括基本功能和辅助功能,但辅助功能不一定都是必要功能。

不必要功能是指用户可有可无的、不甚需要的功能,包括过剩的多余的功能。

区分上述功能,就可以抓住主要矛盾,尽量减少那些不必要的、次要的功能成本,从而提高其价值。

由以上数学表达式可得对象的价值取决于功能与成本,价值的提高是二者比值的提高,因而价值工程法集成功能、成本和价值三个要素并兼顾了三者之间的关系,这也正好是工程造价管理集成思想的体现。如对于总承包企业在设计阶段进行方案优选时,方案价值系数越大,表明资源能得到更科学合理的利用,能创造出更大的效益。EPC总承包商可通过五种途径来提高价值系数，如表 3-2 所示。

表 3-2 价值系数提高的实现途径

序号	实现途径	公式表示
1	功能提高，成本降低	$V\uparrow=F\uparrow/C\downarrow$
2	成本不变，功能提高	$V\uparrow=F\uparrow/C$
3	功能不变，成本降低	$V\uparrow=F/C\downarrow$
4	功能略有降低，成本大幅下降	$V\uparrow=F\downarrow/C\Downarrow$
5	成本略有提高，功能大幅提高	$V\uparrow=F\Uparrow/C\uparrow$

价值工程的基本工作程序如图 3-5 所示，其核心工作是开展研究对象的功能分析，确定研究对象并用价值工程方法对研究对象进行功能价值评价，以选取最优方案或确定需要改进的对象，根据评价结果进行讨论研究，实施方案改进或确定最优方案。在实际工程中，价值工程的运用体现在两个方面：一是方案优选，即在若干评价方案中选择 V 值最大者作为最优方案；二是方案功能成本的优化，即根据评价对象的价值系数值进行分析以确定需要改进的对象，实施方案改进，使其功能与成本相匹配。例如，方案优选方面，在 EPC 项目设计阶段针对同一对象的不同方案之间的取舍中，设计人员会同相关造价人员、施工人员以及采购人员甚至包括业主代表组成价值工程小组并运用价值工程原理对研究对象进行方案价值分析，选择价值系数最大者即满足必要功能和最低成本双优的作为最优方案。

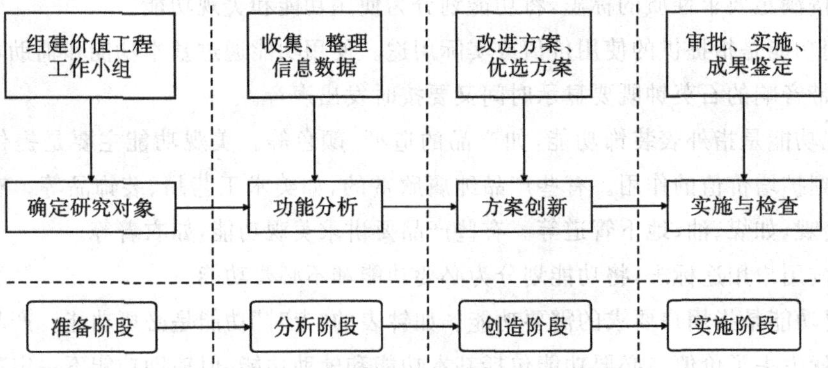

图 3-5 价值工程的基本工作程序

2. 价值工程主要内容

(1)开展价值工程活动的目的，是用最低的费用支出，提高产品、工程或作业的价值，即用最低的寿命周期成本，实现其产品、工程或作业的必要功能，使用户和企业都得到最大的经济效益。

(2)开展价值工程活动的核心是功能分析，即对功能和费用之间的关系进行定性的与定量的分析，从而确定产品、工程或作业的必要功能，择优选用实现其功能的可靠方法，为降低费用支出寻求科学的依据。

(3)推行价值工程，是一种依靠集体智慧进行有组织、有领导的系统的活动，要把各方面的专业人才组织起来，充分发挥他们的聪明才智。

3. 基于价值工程的功能成本优化

价值工程在方案优选方面的运用已有大量论文研究资料，本书在这里主要介绍价值工程在方案功能成本优化方面的运用。EPC 项目设计阶段运用价值工程原理进行方案功能成本优化是实现工程造价控制的重要方式，尽量追求对象必备功能与最低成本的最佳结合，即通过改进不合理的功能或消除不必要的功能，剔除由这些功能产生的不必要成本达到功能成本优化的目的，以最低成本满足既定功能。本书引用功能系数法来进行功能成本评价，所用数学公式如下：

$$价值系数(V_i)=功能系数(F_i)\ /成本系数(C_i) \tag{3.2}$$

$$功能系数(F_i)=第\ i\ 个评价对象的功能得分/所有评价对象的功能总得分\} \tag{3.3}$$

$$成本系数(C_i)=第\ i\ 个评价对象的成本/所有评价对象的总成本 \tag{3.4}$$

功能系数表示其功能重要性程度，其大小的确定可以采用 0—1 或 0—4 对比评分法、10 分制评分法以及环比评分法等。EPC 模式下，由总承包商组建的价值工程小组将具体方案的各项功能列为评价对象，然后将评价对象的功能系数(F_i)与其相对应的成本系数(C_i)代入式(3.2)得出该评价对象的价值系数(V_i)，根据评价结果确定需要改进对象的顺序：

(1) $V_i<1$，表明该评价对象的功能已满足项目的要求而可能存在功能过剩导致成本偏高，应将其列为改进对象，采取优化措施使其价值系数趋于 1，满足成本与功能相统一原则，消除不必要成本。

(2) $V_i=1$，表明该评价对象的功能与成本比重均衡合理，不需要列入改进范围。

(3)$V_i>1$，表明评价对象目前可能存在功能不足而造成消耗的成本偏低，此时可对该评价对象的成本进行追加使其达到既定功能，确保功能与成本相匹配。

EPC 项目小组人员在方案功能优化方面运用价值工程确定改进目标时，应当从全局考虑价值系数的偏离程度，优选价值系数小于 1 且改进空间更大的对象进行优化，提高实施价值工程的绩效。其主要步骤如图 3-6 所示。

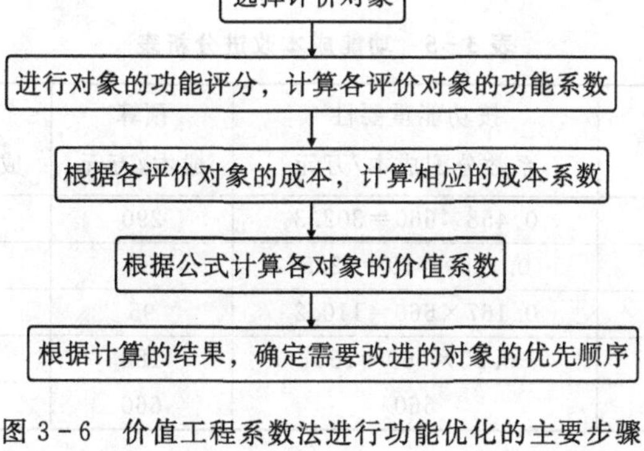

图 3-6　价值工程系数法进行功能优化的主要步骤

在确定功能成本的改善期望值方面，用所计算的各评价对象的功能系数(F_i)乘以目标总成本，得到评价对象的功能目标成本(F_I)，造价人员可以计算功能目标成本和实际成本(C_I)的差值来确定成本改善期望目标(ΔC_I)，即 ΔC_I 表示该评价对象目前成本可改善的幅度，当 $\Delta C_I=0$ 时表示功能和成本匹配合理，为最优情况。用数学公式表达如下：

$$\Delta C_I = F_I - C_I \tag{3.5}$$

4. **基于价值工程的功能成本改进的应用举例**

EPC 工程的 X 设计方案具有以下 A、B、C、D 四个功能，该方案预算总造价为 660 万，目前各功能预算成本分别为 290 万元、87 万元、95 万元和 188 万元，由价值工程小组采用 0—4 评分法对这四个功能进行打分。0—4 评分法相比 0—1 评分法准确性更高一些，即评价对象两两比较时，功能非常重要的得 4 分，相对而言，另一个很不重要的得 0 分；比较重要的得 3 分，相对而言，不太重要的得 1 分；两者同等重要的各得 2 分，具体评分如表 3－3 所示。

表 3－3　0—4 评分法求功能评分

评价对象	A	B	C	D	功能得分
A	—	4	3	4	11
B	0	—	2	1	3
C	1	2	—	1	4
D	0	3	3	—	6

此时，根据式(3.3)求出各项功能的重要性系数，如表 3－4 所示。

表 3－3　0－4 评分法求功能系数

评价对象	功能得分	功能重要性系数
A	11	11/24＝0.458
B	3	3/24＝0.125
C	4	4/24＝0.167
D	6	6/24＝0.25
总分	24	1

价值工程小组针对 X 方案四项功能的成本降低期望目标的确定如表 3－5 所示。

表 3－5　功能成本改进分析表

评价对象	功能权重	按功能重要性系数分配成本/万元	预算成本/万元	目标成本/万元	可降低成本/万元
A	0.458	0.458×660＝302.3	290	290	0
B	0.125	0.125×660＝82.5	87	82.5	4.5
C	0.167	0.167×660＝110.2	95	95	0
D	0.25	0.25×660＝165	188	165	23
总计	1	660	660	632.5	27.5

由表 3－5 可知，将 B、D 作为成本改进对象可到达成本降低的目的。

5. 价值工程开展的工作程序

麦尔斯提出价值工程的基本步骤:功能定义→ 功能评价→制订改进的方案。参考国外一些工程咨询公司的做法,本书提出按如下程序和步骤进行价值工程分析。

(1)准备阶段。

①熟悉工程项目情况。

②了解项目相关资料。

③对象选择。价值分析活动工程量大,其中功能分析中指标量化较为繁杂,功能评价中指标计算工作量较多。因此,为了有效开展价值分析,应首先确定重点分析对象。选择分析对象的过程,其实就是寻找主要矛盾的过程。具体运用中主要方法是 ABC 分析法、层次分析法等。

④收集资料。了解设计方案以及有关寿命周期费用的各种资料,同时进行必要的现场调查。

(2)功能分析阶段。

功能分析是对功能进行定义和分类,然后进行确定和整理。通过功能分析弄清项目各功能之间关系,去掉不合理功能,调整功能间的比例使之更趋合理,主要包括功能定义、功能整理和功能评价。功能定义就是根据已有的信息资料,用简洁、准确的语言从本质上解释说明所选对象具有什么功能,这是从定性的角度对功能进行说明。功能整理就是根据功能之间的逻辑关系,对功能进行分析归类,画出反映功能关系的功能系统图,作为功能评价和方案构思的依据。功能分析是价值工程的核心和基本的内容,其目的就是在满足用户基本功能的基础上,确保和增加产品的必要功能,剔除和减少不必要的功能。

(3)开发阶段。

①主要运用头脑风暴法、哥顿法(模糊目标法)和专家检查法,提出项目改造方案。

②与有关建设各方交换意见,征求专家和有实践经验人员的意见。

③确定项目改造方案。

(4)发展阶段。

发展阶段的任务是将各种设想的替代方案进行筛选、评定并绘制出方案图和拟定工程项目具体建议。

首先进行定性分析。例如技术上的可行性,改革原方案工期与费用的可能性以及寿命周期费用的可能性,寿命期内的费用有无节约的潜力,方案的适用性,可靠性行过程中可能遇到的问题。

其次,进行定量分析。①确定评价指标及其权重。将评价指标和权重制成表格,对评价因素两两进行对比,评定每个因素的重要程度评价(W)。②用方案评价相关矩阵表将各因素 a、b、c、d…排列为横坐标,将各方案排列为纵坐标,对每个方案对应的每个因素进行评分(S),则每个方案的总分为 $M = \Sigma SWc$ 根据总得分的多少排列出改造方案的优劣名次,最后确定项目改造方案。

3.3.2 限额设计

限额设计,即根据项目批准的估算额进行后续的初步设计和相应的设计概算,如复杂项目需技术设计时用设计概算控制技术设计和相应的修正概算，按照批准的设计概算或修正概算进行施工图设计和相应的预算，即用估算限制概算、概算限制预算、预算限制结算，且做好变更的严格控制或将变更提前解决，确保工程总目标不被突破。EPC模式下的限额设计贯穿设计阶段的全过程，纵向上形成初步设计限额、技术设计限额、施工图设计限额，达到设计阶段工程造价层层控制的目的；横向上以经济责任感加强设计内部各专业人员的管理，加强设计人员与造价、施工等各专业人员之间的沟通与交流，使限额分配更科学、合理。

限额设计工作主要是将限额分配给各单项工程，继而再分配给各单位工程，一直分配到各专业工程，通过层层分配，层层限额，使建设资金全部得到落实。限额目标的合理确定与科学分配是开展限额设计的主要途径。

1. 合理确定投资限额

科学的限制额度是科学开展限额设计的基本前提。传统模式下，通常根据可行性研究报告编制的投资估算作为初步设计限额的控制标准，科学合理的投资估算才能使设计限额真正起到控制工程总造价的作用。科学合理的设定最高限额，避免设定限额过高或偏低而造成EPC项目后续阶段造价控制失去科学依据。EPC模式下，开展限额设计对实行固定总价合同的EPC项目来说是非常有意义的，EPC项目设计的最高限额可根据总承包合同总价的合理调整进行确定。为合理确定设计最高限额，总承包商应加深对项目可行性研究报告、业主所提出的功能要求与设计标准、企业生产目标和市场情况的研究，合理考虑企业的预期利润和可能的风险损失费，结合总承包合同总价来确定EPC项目限额设计的最高值，通常可将EPC合同总价的工程费用除去企业的期望利润和风险费作为设计的限额目标。

2. 科学分配限额目标

在确定合理的EPC工程总造价的最高限额后，总承包商费用控制工程师根据限额设计总指标进行限额分解，即编制EPC项目限额设计指标分配表并下达限额设计任务，作为各专业开展初步设计的造价控制基准。总承包设计部经理向各专业负责人下达限额设计任务，要求各专业设计小组明确各专业限额设计的目标、内容与要求，根据限额设计分配指标进入到单项工程或单位工程的具体设计工作，将设计控制在分配的限额指标内，并在设计全过程中，采用价值工程的方法进行方案的优选以达到技术与经济的最佳结合和资源的优化配置。限额设计的主要工作流程如图3-7所示。

在限额设计过程中，造价人员和设计人员应相互配合，加强沟通，造价人员应及时对每个阶段设计成果进行经济分析，以查核设计成果符合限额要求且通过信息反馈以验证限额设计指标的合理性，如初步设计完成后，造价人员及时对初步设计方案进行概算编制，若出现超出限额指标则应及时反馈到设计部门，组织多方共同探讨设计方案的改进或限额指标的修正，但通常情况下，经确定的设计最高限额是不能随意修改的。同样，专业施工图设计完成后，造价人员及时开展预算编制，以验证是否超出概算指标。基于限额设计的工程造价管理如图3-8所示。

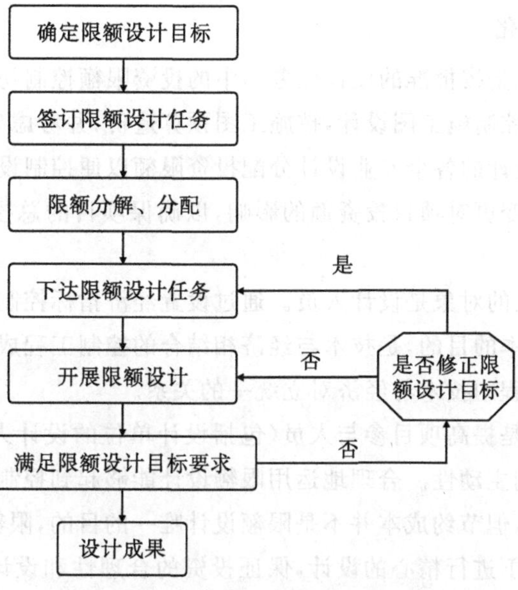

图 3-7 EPC 项目限额设计的主要工作流程

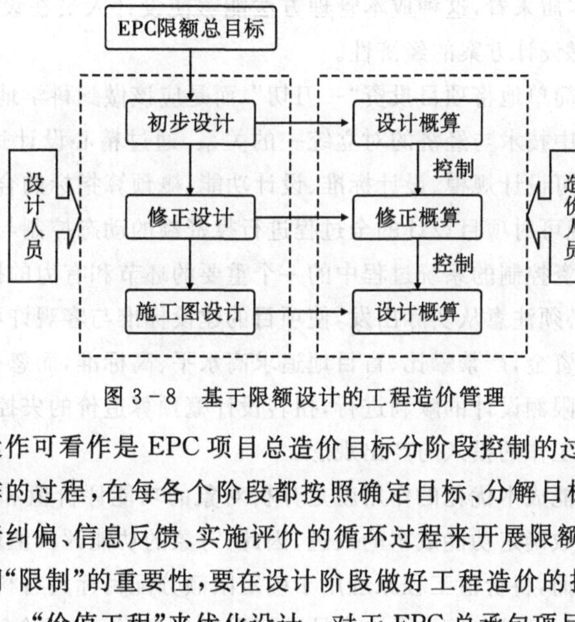

图 3-8 基于限额设计的工程造价管理

限额设计的运作可看作是 EPC 项目总造价目标分阶段控制的过程，也是造价人员和设计人员密切合作的过程，在每各个阶段都按照确定目标、分解目标、制订计划、实施计划、比较分析、执行纠偏、信息反馈、实施评价的循环过程来开展限额设计。然而，限额设计不能过分地强调"限制"的重要性，要在设计阶段做好工程造价的控制还需要借助其他科学有效的方法——"价值工程"来优化设计。对于 EPC 总承包项目来说，总承包商设计部门应综合集成限额设计与价值工程两种方法，将方案的技术和经济的合理性基于项目全寿命周期来权衡，统筹考虑项目后期运营维护阶段费用支出，确保所建项目全寿命周期费用的降低。这样不仅拓宽设计人员的设计思路和创新意识，更是贯彻了将建设项目全寿命周期造价管理作为优化设计、方案决策的指导思想。

限额设计从宏观上为各阶段设计工作制定科学限额目标，而价值工程从微观上为各专业设计人员实现优化设计目的。因此，EPC 模式下设计部门基于价值工程的限额设计更能折射出现代工程造价管理的科学理念。

3. **限额设计的优化**

所谓限额设计，就是按批准的设计任务书中的投资限额控制初步设计，按批准的初步设计总概算造价限额控制施工图设计，按施工图预算造价，并考虑确保各个专业使用功能的前提下，对施工图设计的各个专业设计分配投资限额以便控制设计，并严格控制技术和施工图设计的不合理变更对项目投资额的影响，以确保项目的总投资额不超过项目的投资限额。

从定义上看，定义的对象是设计人员。通过设置经济指标控制工程建设项目的设计，从而达到控制工程成本的目的，是技术与经济相结合的控制工程成本的有效手段，能够正确地处理工程建设过程中技术与经济对立统一的关系。

限额设计的本质是提高项目参与人员(包括设计单位的设计人员和项目开发企业的管理人员)的投资控制主动性。合理地运用限额设计能够起到控制成本，在项目前期有效降低项目成本的目的，但节约成本并不是限额设计唯一的目的，限额设计需要设计人员在充分考虑经济的条件下进行精心的设计，保证投资的合理性和设计的科学性。许多研究者认为此阶段无法有效控制成本，其中很大的原因是设计人员没有经济意识或经济意识差，而从限额设计的本质来看，这种成本管理方法能够使设计人员在设计前、设计中都有意识地控制成本，考虑设计方案的经济性。

限额设计绝不是简单地将项目投资"一刀切"，而是应该做到科学地体现实事求是，正确处理项目建设过程中技术与经济的对立统一的关系，通过精心设计达到技术与经济的统一。限额设计体现可设计规模、设计标准、设计功能、概预算指标的合理确定，通过层层环环的限额设计，实现可对项目设计的全过程进行投资额的动态控制与管理。所以，限额设计实际上是项目投资控制的系统过程中的一个重要的环节和有力的措施。

推行限额设计，必须注意从实际出发，使项目的建设标准与客观许可条件相适应。合理而有效地使用项目资金，严禁攀比、盲目地追求高水平、高标准，而忽视项目投入与产出的经济效益。为保证限额设计的顺利进行，扭转设计概预算造价的失控现象，要求设计者必须树立和加强设计工作的投入与产出观念。

价值工程用于功能成本优化的作用就是分析对象的功能评价值和目前成本的关系，由对象的功能价值系数确定功能成本的改进，因此，对象的功能评价值就是实现对象必备功能的目标成本。因而，将价值工程原理用于确定限额分配目标具有科学性、依据性。

在EPC项目限额总目标之下，设计人员进行限额分配时，运用价值工程方法对EPC项目各单项工程或单位工程进行功能分析并加以量化，求得各部分的功能评价系数，分别再乘以项目的目标总成本，进而确定各组成部分的功能目标成本，此处得到的功能目标成本带有较大的主观因素，因此造价人员会同设计人员还需根据项目的设计要求和具体情况，同时辅以类似工程的统计数据，进行适当调整，得出更为合理的限额分配值，而非简单地依据类似工程累计的技术经济资料，将限额总目标切块分配给各单项工程或单位工程作为具体设计的限额子目标。基于价值工程的限额设计确保限额分配中功能与成本的相匹配，提升限额设计的可靠性、主动性。具体实施过程如图3-9所示。

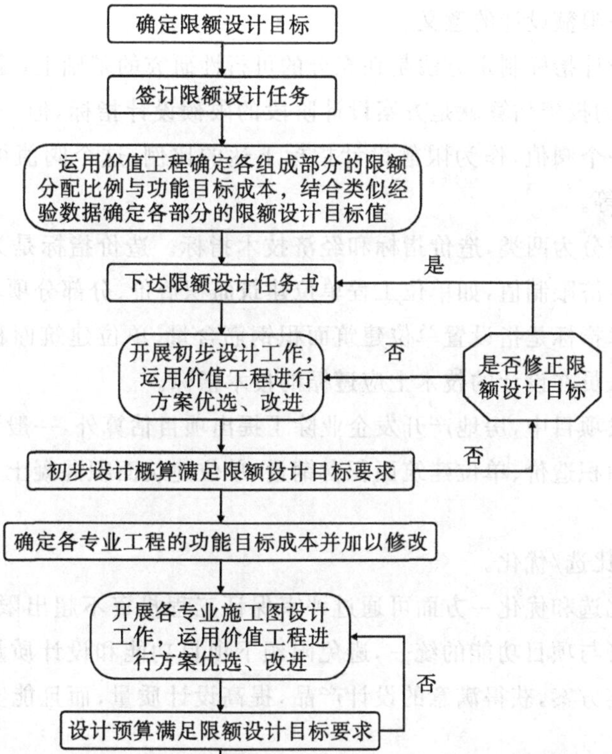

图3-9 EPC模式下基于价值工程的限额设计的主要工作流程

4. 限额设计的步骤

限额设计是工程建设项目设计阶段成本管理的主要手段。在整个限额设计过程中，需要设计人员与造价/成本管理人员相互配合，以协助设计技术与经济的统一。设计人员将限额设计指标作为设计约束参数进行设计，有利于提高设计人员的经济意识；造价/成本管理人员为设计工作提供工程造价信息和合理的成本优化建议，达到主动地、动态地控制成本的目的。

对于设计单位来说，限额设计的主要内容是将业主/房地产开发企业提出的限额设计指标或投资目标进行分解，分解后分配到各个设计专业，在限额设计过程中要求设计师按照设计限额指导设计工作的进行，并采取一定的措施，如设计优化，以保证限额设计指标不被突破。

对房地产开发企业来说，在房地产开发项目设计阶段推行限额设计的主要内容是在设计招标或设计任务委托前制定限额设计指标，在设计方案阶段进行设计方案的比选，在施工图设计阶段进行工程量的控制，设计结束后的设计变更管理。

(1)制定限额指标。

确定合理的限额设计指标是非常重要的，指标设置得过低设计难以实现，指标设置得过于宽松则会失去限额设计的意义。

普遍的限额设计指标制定方法是在充分的可行性研究的基础上，编制投资估算，从理论上讲，此时编制的投资估算就是方案设计阶段的限额设计指标，但一般情况下，房地产开发企业会设定一个阈值，作为限额设计指标下达的比例，这个阈值可能是投资估算的90%、95%、105%等。

限额设计一般分为两类，造价指标和经济技术指标。造价指标是为满足投资或造价的要求而制定的经济限制值，如单位工程单位建筑面积造价、分部分项单位建筑面积工程造价等。经济技术指标是指设置单位建筑面积钢筋含量、单位建筑面积混凝土含量等技术限额作为设计人员在设计的技术上应遵循的技术指标。

在房地产开发项目中，房地产开发企业除了提出项目估算外，一般还会在设计任务书中提出单位建筑面积造价、单位建筑面积含钢量、单位建筑面积混凝土含量等指标以指导设计。

(2)设计方案比选/优化。

设计方案的比选和优化一方面可通过评审保证工程投资不超出限额设计指标，另一方面也是保证经济与项目功能的统一，避免限额下项目功能和设计质量的下降。优化设计不仅可选择最佳方案，获得满意的设计产品，提高设计质量，而且能实现对投资限额的有效控制。

(3)施工图设计阶段控制工程量。

施工图是设计单位的最终产品，它是工程现场施工的主要依据。设计部门要掌握施工图设计成本的变化情况，将成本严格控制在批准的设计概算以内。这一阶段限额设计的工作是控制工程量。本阶段限额设计指标一般采用审定的初步设计概算及工程量。

(4)设计变更管理，实行限额动态管理。

在施工开始前进行设计的变更影响程度小，主要通过审核设计变更对工程成本、价值的影响来衡量设计变更是否是必要的，此时的变更可能会影响工程实施的进度，但由于项目还未施工，因此变更不会造成工程费用的浪费；若设计变更发生在工程招标和材料采购阶段和施工阶段，则造成的影响较大，此时的设计变更可能引起采购计划、施工计划、进度计划的变化，可能需要重新招标和采购，严重的话还可能造成工程的返工或拆除，一般带来的影响大多是负面影响。因此要尽量将设计变更控制在项目开发的前期。

5. **限额设计的风险**

在限额条件下，设计师需要在技术与经济之间权衡，以达到经济技术的统一和平衡。做到经济与技术的统一与平衡对设计师来说是具有一定挑战性的，运用限额设计，可能会带来一定的风险，例如限制设计师的创新思维，限制新材料、新技术的运用，忽视功能和成本的匹配性等。这些风险最终会导致设计质量问题，而勘查设计是工程的灵魂、质量的龙头，只有具备优秀的设计才能创建优质的工程。因此，勘查设计质量的优劣直接关系到工程建设质量的高低。从工程项目质量事故原因分析统计情况看，工程上40%的质量问题是因“设计”导致的，如设计时对环境因素及地质条件勘察掌握不周、对结构类别形式及尺寸选择不当、计算时安全度选择偏低、设计标准及安全等级与实际不符等都会导致项目结构、质量事故的发生。因此，运用限额设计的最大风险是设计质量的降低。

对于设计质量的定义、评判标准或评价指标，在研究界也有许多不同的观点。有学者将影响设计质量的重要因素归纳为：设计方案、重大设计缺陷、一般设计缺陷、设计计划符合度、设计深度符合度、限额设计完成度、后期服务质量和顾客满意度。有学者选用了七个指标运用层次分析法进行了城市居住区规划设计质量评价，其指标包括住宅楼层均数、居住建筑密度、居住面积密度、居住建筑面积密度、人口净密度、居住建筑用地指标、住宅单方综合造价等。以顾客满意度为最终衡量标准的CS(customer satisfaction)评价方法，则以顾客对产品的主观感受来评价设计质量，如主观因素：住宅适用、生活方便、交通便捷、安静与安全、整洁卫生、邻里互助、景观悦目，分别对应设计中的住宅标准与设计、公共设施配置、道路与公交设施、环境管理、市政设施配置、社区管理与组织、自然环境设计等客观因素。也有学者提出了住宅小区设计质量的评价指标体系，包括小区规划、单元功能区设计、房型套型设计、楼体设计、技术经济性五个维度，规划布局、群体组织、道路交通、各功能区设计、节能、安全性、艺术性、设计创新性、方案可施工性、经济指标合理性等十九个指标。设计质量的指标评价在应用研究中也得到了一定的成效。

综上所述，考察、评价设计质量的因素/指标较多，相互关系较为复杂，结合当前设计质量的研究结论，归纳总结相关设计管理专业人士的经验，可从以下几个方面评判设计质量的高低：

(1)是否符合国家、地方的强制性标准。

(2)是否满足设计的基本技术要求：

①使用上：使用功能是否齐全，空间利用是否合理，是否满足业主需求。

②构造上：结构是否安全可靠，各专业设计之间是否相互协调、统一匹配，设计成果与自然及社会环境是否和谐。

③感观上：外观、造型是否美观、和谐、创新，是否满足业主需求。

(3)经济是否合理。

(4)工艺是否先进，是否具备施工性。

(5)设计图纸是否清晰明了、是否存在错误、整体质量是否达标。

设计人员应平衡设计质量的几个方面。经济要以技术为前提和保障，而技术要通过经济来体现。这个观点也应作为此阶段成本管理的准则，追求经济和技术的双赢。

6. **限额设计管理**

(1)保证限额设计效果的关键工作。

限额设计是运用在设计阶段的成本管理方法，但限额设计的运用成效，不仅仅在设计环节设置相应限额指标、进行设计优化等措施就可以达到，限额设计不是独立的一种管理方法，它的实施效果与工程项目管理的其他环节息息相关，是相辅相成的。影响限额设计实施效果的工作有：项目策划；限额设计指标的制定；设计方案比选、评审、优化；设计质量管理；设计变更管理。

①项目策划。

项目策划是房地产企业前期对市场需求、功能需求、产品需求、开发策略、投资开发目标等的研究与制定。房地产开发项目的产品类型、投资目标一般在这个工作阶段就会确定下来，相应会进行投资估算，按照限额设计的定义，此时的投资估算是方案设计的限额设计指标，本阶段确定产品需求、类型、功能等就是设计阶段的设计目标。因此，项目策划的质量和深度决定了设计阶段目标的明确程度和限额设计指标的合理程度，是限额设计有效实施的源头。

②限额设计指标的制定。

限额设计指标是一项设计参数，能指导设计人员进行设计工作。设计参数越明确，设计工作的开展便越顺利。在国内限额设计研究中，所有的研究者都持有这样的观点：限额设计指标越准确，越有利于限额设计的实施。但限额设计指标越准确，限额设计管理人员花费在制定指标的时间和精力就会越多，房地产开发项目是复杂的，影响因素众多，在前期精确计算出工程造价和限额经济指标是具有难度的。因此，确定准确的限额设计指标和高效的限额设计管理是互相制约的，找到两者的平衡的方法是制定能够起到激发项目参与者投资控制主动性的限额设计指标，在能力允许的情况下越准确越好。

③设计方案比选、评审、优化。

设计方案比选、评审、优化工作就是评价设计方案的技术、经济的可行性，设计方案比选、评审、优化工作是通过技术比较、经济分析和效果评价，避免限额下设计质量和项目功能的降低，追求设计方案在技术和经济上平衡，是限额设计风险管理的重要手段，也是设计阶段成本管理的有效措施之一。

(2)设计质量管理。

设计质量一直以来均被认为是引起工程质量事故的主要原因。设计质量差可能导致工程施工停工、返工的现象，有的甚至可能造成质量事故和安全隐患，从而引起成本费用的极大浪费。工程设计对成本的影响还体现在工程设计影响建设项目使用阶段的经常性费用，如暖通、照明、保养、维修等，合理的设计可使得项目建设的全寿命费用最经济。

在限额条件下，设计师需要在技术与经济之间权衡，以达到经济技术的统一和平衡。做到经济与技术的统一与平衡对设计师来说是具有一定挑战性的，运用限额设计，可能会造成设计质量的降低。因此设计质量管理是实施限额设计必须进行的一项工作，也是限额设计有效实施的把关工作。

(3)设计变更管理。

设计变更是指设计单位对原设计文件中所表达的设计标准的改变和修改，根据变更原因的不同可分为三类：因设计单位本身的图纸“错、漏、碰、缺”或其他原因而导致设计资料的修改或补充；因开发商市场定位和功能调整而导致的变更；因施工单位材料设备使用问题、施工可行性问题等提出的变更。随着项目的推进，设计变更引起的成本增加将越来越大。

本书多次提出限额条件下，设计师要做到技术与经济的平衡是具有挑战性的，为了满足限额要求，可能存在这样的风险：在前期设计阶段降低某些标准以满足限额设计要求，而后期则通过设计变更企图弥补设计缺陷或不足，以突破限额设计指标的约束。因此，在前期设计中明确项目设计目标、设置合理的限额设计指标、提高设计质量等工作能够有效地避免不必要的设计变更，对成本控制与管理有着重要的意义。

设计变更情况可以从侧面反映限额设计管理效果，是限额设计效果的“晴雨表”。限额设计实施得效果好，达到预期提高项目参与人员投资控制主动性、将成本控制在合理的范围内，那么在理论上设计完成后的设计变更应比较少。

7. 限额设计管理的定义

理论上，限额设计是设计师在经济限额下进行设计工作的行为。然而，从当前我国限额设计研究现状看，研究者大多数为成本管理或造价咨询人士，仅有几位是设计师，这在一定程度上反映出当前我国设计行业中，主动在房地产开发项目设计中运用或研究限额设计的设计师或设计单位是比较罕见的。因此，限额设计的推行需要房地产开发企业主动地提出限额设计要求。

“科学管理之父”弗雷德里克·泰罗认为：“管理就是确切地知道你要别人干什么，并使他用最好的方法去干”，在泰罗看来，管理就是指挥他人能用最好的办法去工作。斯蒂芬·罗宾斯给管理的定义是：所谓管理，是指同别人一起，或通过别人使活动完成得更有效的过程。设计师的限额设计工作需要一定的领导、计划、组织、指挥、协调、控制和配合，这个就是限额设计的管理，在我国房地产开发项目中，限额设计管理的角色由房地产开发企业来扮演，为了加强设计阶段成本管理的效果，房地产开发企业也有责任和义务进行限额设计的管理工作。

因此，本书将限额设计管理定义为：限额设计管理是使限额设计达到其预期目的的一系列计划、组织、指挥、协调、控制、配合等管理行为，包括设计招标阶段的合同管理、设计阶段的方案优选与方案优化、整个项目实施过程中的变更管理等。

8. 科学的限额设计管理

从限额设计管理的定义可知，要达到限额设计的预期目的，不仅仅是制定限额设计指标就可以达到的，与限额设计实施密切相关的环节，如项目策划、设计方案比选、设计评审、设计优化、设计质量管理、设计变更管理等，其管理工作的质量和实施的效果也影响着限额设计的实施，因此限额设计管理不是独立的，要到达限额设计预期目的，需要科学的管理方式和思想。

具体来说，科学的限额设计管理含义如下：

(1)管理范畴涵盖于限额设计实施效果相关的各个阶段；

(2)管理参与部门不是单一设计管理部或成本管理部的，需要不同职能部门的合作，并在合作中贯彻全员管理的思想；

(3)通过灌输科学正确的限额设计管理思想，使项目参与者对限额设计有正确的认知，由意识来指导行为；

(4)不再将达到限额设计指标作为衡量限额设计管理效果的唯一标准，而是要以综合考量技术经济效益、参与者投资控制主动性、限额下的设计质量管理、设计变更管理效果等。

第4章

EPC采购阶段工程造价管理

随着市场经济的发展和完善，全球经济从卖方进入买方市场，市场竞争的激烈程度不断增强。企业在追求利润最大化的目标下，加强企业内部管理，增进与主要供应商的合作，低生产成本等措施已经逐渐成为企业在激烈的竞争中常常运用的商业手法。目前企业在新建和扩建过程中，普遍采用项目管理模式。在企业不断发展壮大过程中，项目管理水平的高低，直接关系到项目的成本、质量、进度等各方面能否按计划进行，项目管理的重要地位也逐渐体现出来。在项目管理中，项目采购管理部门是整个项目资金最大使用者，同时高效、及时、经济的采购到项目将设所需的物资又是保证项目顺利进行的关键。项目采购管理是项目物资管理中的最重要环节，已渐渐成为反映企业战略执行能力的一个重要方面，而且它也集中地反映企业内部管理能力、市场创新能力和主要供应商的合作能力。在现代项目管理中，在有限的项目实施期间，为确保企业管理建设投资项目的安全、进度、质量及项目建成后的使用效果，实现既定的战略目标，更加需要有先进的项目采购管理。

采购管理水平的提高对企业核心竞争力的提升有非常重要的意义。通过加强采购管理可节约实际成本，从而能提高企业的利润；通过与供应商关系的发病管理，将对所采购物资的质量和物流进行更加有效的安排，能提高企业采购资金周转率；通过对采购管理流程的科学化管理，可以对企业的整个业务流程再造及组织结构的发展有贡献；另外采购的时候多是外部活动，接触面很广，能为企业的内部提供更多有用的信息。对于工程总承包企业来说，采购管理更是企业核心竞争力的七大要素之一。高效率、高质量的采购与工程项目的质量和进度有着直接的关系，同时在工程建设过程中也是直接体现的一个元素。采购管理对整个项目总承包的最终目标——利润，至关重要。在EPC工程项目中，设备、材料的采购金额在总承包合同价款中所占比重都在一半以上，而且类别品种非常多，技术性强，工作量大，涉及面广，同时对其质量、价格和进度都有严格的要求，并且有较大的风险性，稍有失误，不仅影响工程的质量、进度和费用，甚至会导致总承包单位的亏损。提高采购管理水平将决定着项目能获取更多的赢利，为企业创造更大的效益，增强企业在工程总承包过程当中的竞争力，赢得项目，为企业持续有效的发展提供保障。

随着世界经济迅猛发展，特别是我国加入WTO之后，处于发展中的我国各行各业都开始与国际接轨，建筑工程业也不例外，必须走向国际，与国际公司竞争，在竞争中求生存、求发展。在这种情况下，工程建设新的体制应运而生，通过招标投标选择具有相应资质的工程公司，以项目法人为主体，实施建设项目承包制。在国内大型综合勘察设计单位正在逐步向全功能的EPC工程公司转制。EPC工程公司对节省投资、缩短工期、保证质量以及提高自身经济效益等方面将会收到良好的效果。EPC全过程的系统和整体管理，有利于实现工程项目的设计、采购、施工整体优化管理。而项目采购管理是EPC全过程的系统和整体管理的一个非常重要组成部分。

工程承包行业中，项目采购主要包括货物采购、施工和安装工程采购、咨询服务采购等三个方面。EPC采购在EPC工程总承包中占据核心地位，也是和业主、施工方打交道中最关键最难的一个部分。而在我国现阶段，工程的承包方式已经慢慢开始向总承包方式过渡，虽然EPC工程总承包还不是非常成熟，但是在国内，成功的例子也有很多。但是,EPC工程总承包的采购面临的问题并不容乐观。一方面,工程总承包在法律中的地位不明确。另一方面,工程总承包采购市场准入仍有障碍。再有,缺少官方工程总承包采购市场行为的文件规定。

工程总承包采购模型的实际应用是很广泛的,在国内和国外的大型建筑项目中已经得到充分的应用。目前全球最大的225家国际工程承包商基本上都能提供交钥匙承包业务,国际上许多大型的工程项目也都已或正在采用这种采购方式。近年来,由于私人融资项目有了更快的发展,将有更多的建设项目都需要这种固定最终价格和竣工日期的合同形式,EPC模式将在工程建设市场中逐渐占有更多的份额。国内真正有能力承包EPC项目的总承包商大约有100多家,最早开展这种业务的是化工行业的一系列设计单位。如今,我国承包商承建的EPC项目已逐渐从国内市场走向国际市场,获得了良好的社会效益和经济效益。

EPC项目承包商的设备采购费用占整个项目成本的50%~60%,因此采购过程是降低项目成本的最重要的过程。承包商在签订EPC总承包合同后,尤其是主体设计已经确定,整个项目能否盈利或盈利的多少,几乎取决于采购管理的效率。

不容乐观的是,尽管EPC采购的地位如此重要,但无论是已走出国门多年的中国承包商,还是国内的承包商,普遍对EPC采购认识和研究欠缺,招致业主和总承包商的纠纷屡见不鲜,总承包商和施工单位、材料供应商的争端也是愈演愈烈。其根本原因是对EPC采购的核心技术没有深刻了解。

过程整合是EPC模式的核心体现,其优势发挥的关键取决于项目实施过程中关键环节的协调、衔接,尤其是采购在设计、施工的衔接中起着承上启下的作用。采购阶段居于设计阶段和施工阶段的中心位置,设计成果反映的材料和设备要通过采购来实现,而采购所得材料、设备又是后续施工安装的输入,可见采购在整个EPC项目中起着连接上游设计与下游施工的整合作用。

4.1 EPC采购阶段造价管理概述

在EPC工程项目中,采购过程实际上起到了一个承上启下的作用,一方面它根据设计阶段的成果来采办工程所需的设备、材料;另一方面,采办回来的设备材料要应用到工程中去,所以说采办过程监控和管理的好坏能直接体现在整个工程质量上。采购在创造项目产品中的具体作用体现在以下几个方面:

(1)由于设备、材料的质量是工程质量的基础,这就要求合同采办部门能够找到提供合格产品的供货商。

(2)设备、材料运抵施工现场的时间是工程进度的保障,这就要求合同采办部门实时监控合同执行的情况,在保证提供合格产品的前提下,按照交货日期及时提供产品。

(3)设备、材料费用约占工程总成本的50%~60%,采购成本直接影响工程的造价。采购过程的重要性决定了在EPC模式中要对其实施有效的项目管理。

对于EPC模式来讲,项目小组中一般都设有合同采办部,专门负责招投标、谈判、签订合同并负责跟踪合同的执行情况。采购阶段的主要工作就是按照设计的要求来采办设备和材料,其具体工作内容如表4-1所示。

表4-1 EPC项目采购阶段的主要工作内容

序号	工作类型	工作内容
1	大批商品 (bulk commodities)	·详细指明材料 ·询价 ·供应招标 ·供应评标 ·授予合同 ·材料运输
2	设备制造 (fabricated items)	·最终的材料规格/标准 ·询价 ·供应招标 ·供应评标 ·授予合同 ·供应商资料管理 ·制造设备的材料 ·材料运输
3	标准设计设备 (standard engineered equipment)	·详细指明设备 ·询价 ·供应招标 ·供应评标 ·授予合同 ·供应商资料管理 ·供应商制造 ·设备运输
4	特殊设计设备 (spechialized engieered equipment)	·详细指明设备 ·询价 ·供应招标 ·供应评标 ·授予合同 ·协调供应商设计 ·供应商资料管理 ·供应商制造 ·设备运输

续表

序号	工作类型	工作内容
5	现场管理 (field management)	·接收和检查材料 ·材料的清点、储存和维修 ·材料问题 ·供应商检查 ·引导会计业务
6	服务 (servieces)	·工作包/服务范围 ·供应商/分包商资格预审 ·供应商/分包商招标 ·授予合同
7	文件(documentation)	·准备采购的最终报告/移交文件
8	现场设备管理 (field equipment management)	·协调材料管理计划 ·协调材料管理

EPC模式下，广义上的采购主要是指材料、设备的采购以及分包商的选择；狭义上的采购即指材料、设备等物资的采购。决定EPC项目成败的重要因素之一就是材料设备采购的控制。本书在这里主要研究的是狭义上的采购。

EPC总承包项目材料设备采购工作的主要工作程序如图4-1所示。

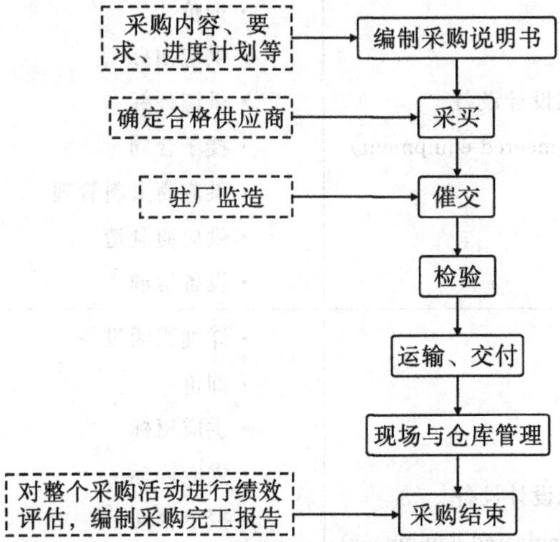

图4-1 采购的主要工作程序

其中，采买是整个采购流程的核心所在，而随后的催交、检验、运输交付以及存储管理等工作是实现采购过程的必要保障。

EPC模式通常适用于石油、化工、电气等工程行业，因而在这类EPC项目中，采购不仅是一般的土建安装材料的采购，还包括专业设备、材料的采购，根据资料显示，采购占整个工程项目总费用的比例达40%～60%，对于一些工业项目，其所占比例甚至更高，可见降低采购成本即降低项目总成本。此外，与传统模式下的采购相比，EPC 模式下采购具有物资采购多样性、采购成本更大、采购柔性更高、货源需求更广等特点，如 DBB 模式下采购阶段，主要是一般的材料设备采购，其设备材料的型号、规格具有通用性；而 EPC 模式下，采购更特殊地表现在专业设备的选型和订购上，这无疑增加了采购风险，因而总承包商科学合理地制定防范采购风险的措施是有效控制采购成本的关键。最后，采购部门的采购活动必须是基于合同内容和要求的前提下进行的，其对合同的执行情况必须进行实时监控，以保证物资的采购质量与进度，尽量做到准时采购来实现以最低成本完成高质量的采购，使采购整体流程中的浪费最小化。因此，EPC 模式下采购阶段工程造价管理的关键就是做好采购成本管理，满足采购进度与质量前提下，尽量降低采购成本，对降低工程总成本起着直接作用。

4.1.1　EPC 采购阶段造价管理的特点

交钥匙模式是一种简洁的工程项目管理模式，也是一种有特殊性的设计—建造方式，即由承包商为业主提供包括项目科研、融资、土地购买、设计、施工直到竣工移交给业主的全套服务。采用此模式，在工程项目确定之后，业主只需选定负责项目的设计与施工的实体——交钥匙的承包商，该承包商对设计、施工及项目完工后试运行全部合格的成本负责。项目的供应商与分包商仍需在业主的监督下采取竞标的方式产生。

项目实施过程中保持单一的合同责任，在项目初期预先考虑施工因素，减少管理费用；能有效地克服设计、采购、施工相互制约和脱节的矛盾，有利于设计、采购、施工各阶段工作的合理深度交叉。

由于工程公司是长期从事项目总承包和项目管理的永久性专门机构，拥有一大批在这方面具有丰富经验的优秀人才，拥有先进的项目管理集成信息技术，可以对整个建设项目实行全面的、科学的、动态的计算机管理，从而达到业主期望的最佳项目建设目标，这是任何临时性的领导小组、指挥部、筹建处和生产厂直接进行项目管理所无法实现的。

1. 单一的权责界面

业主只与总承包商签订工程总承包合同，把工程的设计、采购、施工和开车服务工作全部委托给总承包商负责组织实施。业主只负责整体的、原则的、目标的管理和控制。这样，由单个承包商对项目的设计、采购、施工全面负责，项目责任单一，简化合同组织关系。

EPC 总承包商签订工程总承包合同后，可以把部分设计、采办、施工或是投产服务工作委托给下级分包商完成。分包商与总承包商签订分包合同，而不是与业主签订合同。分包商的全部工作由总承包商对业主负责。

2. EPC 总承包商在项目实施过程中处于核心地位

该模式要求 EPC 总承包商具有很高的总承包能力和风险管理水平，即在项目实施过程中，对于设计、施工和采购全权负责，指挥和协调各分包商，处于核心地位。EPC 模式给总承包商的主动经营带来机遇的同时也使其面临更严峻的挑战，总承包商需要承担更广泛的风险责任，如出现未预计到或不良的场地条件以及设计缺陷等风险。除了承担施工风险外，还承担工程设计及采购等更多的风险。特别是在决策阶段，在初步设计不完善的条件下，就要以总包价格签订总承包合同，存在工程量不清、价格不定的风险。另一方面，对总承包商而言，虽然风险加大，但这些风险总承包商可以通过报价体现，同时可以在施工时通过设计优化获得额外利润。

业主介入具体组织实施的程度较浅，EPC 总承包商更能发挥主观能动性，在采购过程中，EPC 总承包能充分运用其管理经验，为业主和自身创造更多的效益。

项目的业主只负责提供资金，提供合同规定的条件，监控项目实施，按合同要求验收项目，而不负责具体组织实施项目。EPC 模式中业主把大部分风险转移给承包商，因此承包商的责任和风险大，同时获利的机会也相应增多。

3. 业主权力受到更多限制

EPC 模式的承发包关系与传统模式的承发包关系不同，在签订合同以后的实施阶段角色发生变换，承包商处于主动地位。EPC 承包商有按自己选择方式进行工作的自由，只要最终结果能够满足业主规定的功能标准。而业主对承包商的工作只进行有限的控制，一般不应进行干预。例如，FIDIC“银皮书”第 3.5 条规定，发包人就任何事项对承包人表示同意或不满意时，应该与承包人商量，促使其做出努力，达成协议；如不能达成协议，则发包人应按合同做出一个公平的终止，并接管所有有关环境。这些通知和决定，应该用书面表达同意或不同意，并附有支持材料。各方都应对发包人的同意或不同意加以实施。在发包人发出通知 14 天内，承包人可以通知发包人，表示失望和不支持。此时，就应该启动合同争议解决程序。

4. 业主易于管理项目

EPC 模式业主参与工程管理工作很少，一般由自己或委托业主代表来管理工程，重点在竣工检验。在有些实际工程中，业主委派项目管理公司作为其代表，对建设工程的实施从设计、采购到施工进行全面的严格管理。总承包商负责全部设计、采购和施工，直至做好运行准备工作，即“交钥匙”。由于全部设计和工程的实施、全部设施装备的提供，以至于业主在工程实施过程中的合同管理都由承包商承担，因此对业主来说管理相对简单，极大地减少了业主的工作量。同时业主承担的项目风险减少，项目的最终价格和要求的工期具有更大程度的确定性。

5. 项目整体经济性较好

EPC 总承包模式的基本出发点在于促成设计和施工的早期结合，整合项目资源，实现各阶段无缝连接，从项目整体上提高项目的经济性。由于 EPC 项目设计、采购、施工等工作均由同一承包商组织实施，设计、采办、施工的组织实施是统一策划、统一组织、统一指挥、统一协调和全过程的控制。承包商可以对设计、采办、施工进行整体优化；局部服从整体，阶段服从全过程，实施设计、采办、施工全过程的进度、费用、质量、材料控制，促进项目的集成管理，以确保实现项目目标，最终提高项目的经济效益。

EPC 模式之所以在国际上被普遍采用，是因为与其他项目采购模式相比，具有明显的优势，如表 4-2 所示。

表4-1 EPC模式的优势与劣势

对象	优势	劣势
业主	能够较好地将工艺的设计与设备的采购及安装紧密结合起来,有利于项目综合效益的提升; ·业主的投资成本在早期即可得到保证 ·工期固定,且工期短; ·承包商是向业主负责的唯一责任方; ·管理简便,缩短了沟通渠道; ·工程责任明确,减少了争端和索赔; ·业主方承担的风险较小	·合同价格高; ·对承包商的依赖程度高; ·对设计的控制强度减弱; ·评标难度大; ·能够承担EPC大型项目的承包商数量较少,竞争性弱; ·业主无法参与建筑师、工程师的选择,降低了业主对工程的控制力; ·工程设计可能会受分包商的利益影响,由于同一实体负责设计与施工,减弱了工程师与承包商之间的检查和制衡
承包商	·利润高; ·压缩成本、缩短工期的空间大; ·能充分发挥设计在建设过程中的主导作用,有利于整体方案的不断优化; ·有利于提高承包商的设计、采购、施工的综合能力	·承包商承担了绝大部分风险; ·对承包商的技术、管理、经验的要求都很高; ·索赔难度大; ·投标成本高; ·承包商需要直接控制和协调的对象增多,对项目管理水平要求高

4.1.2 EPC采购模式的适用范围

EPC合同适合于业主对合同价格和工期具有“高度的确定性”,要求承包商全面负责工程的设计和实施并承担大多数风险的项目。因此,对于通常采用此类模式的项目应具备以下条件:

(1)在投标阶段,业主应给予投标人充分的资料和时间,使投标人能够详细审核“业主的要求”,以便全面地了解该文件规定的工程目的、范围、设计标准和其他技术要求,并进行前期的规划设计、风险评估以及估价等。

(2)该工程包含的地下隐蔽工作不能太多,承包商在投标前无法进行勘察的工作区域不能太大。这是因为,这两类情况都使得承包商无法判定具体的工程量,无法给出比较准确的报价。

(3)虽然业主有权监督承包商的工作,但不能过分地干预承包商的工作,如要求审批大多数的施工图纸等。既然合同规定由承包商负责全部设计,并承担全部责任,只要其设计和完成的工程符合“合同中预期的工程目的”,就认为承包商履行了合同中的义务。

(4)合同中的期中支付款应由业主方按照合同支付,而不再像新红皮书和新黄皮书那样,先由业主的工程师来审查工程量,再决定和签发支付证书。

不适用 EPC 合同的情况如下：

(1)时间仓促或信息不足，使投标厂商无法详查并确认业主需求或办理设计、风险评估及估价。

(2)含有相当数量的地下工作，投标厂商无法及时勘查，取得准确的资料作为判断。

(3)业主意欲严格督导或控制承包商的工作。

(4)每次期中付款金额须由业主或其他第三人决定。

业主在采用 EPC 模式时，必须谨慎考虑下述情形：

(1)承包商可能基于成本考虑，采用最低设计标准；

(2)当业主质疑设计成果的安全性及耐久性时，承包商常以责任施工抗辩；

(3)承包商可能基于成本考虑，选用较低标准材料及设备的同等品；

(4)承包商可能选用低成本的过时设备而不采用自动化的新设备；

(5)对附属设备或设施尽量省略，增加业主营运成本及不便；

(6)如有终止契约的情形出现时，因厂商拥有专业技术与智慧财产权，更换承包商不易，接续施工产生问题；

(7)初期运转如不顺利或未达到规定或保证的功能，业主会要求承包商负瑕疵改善责任，而承包商却希望业主能减价收受预付款，此常为争议所在。

EPC 模式常用于基础设施工程，如公路、铁路、桥梁、自来水或污水处理厂、输电线路、大坝、发电厂，以及以交钥匙方式提供工艺和动力设备的工厂等。

4.1.3 EPC 采购阶段造价管理的主要影响因素

EPC 建设项目大多数属于工业项目，如石油、电气、化工等，其材料、设备的采购费用可占项目费用的 60%左右，采购成本在很大程度上影响着项目总造价的控制。总承包企业必须认识到采购环节在整个项目的重要地位，认识到采购阶段影响工程造价的关键因素，实施有效的采购集成管理对策，实现采购内部集成管理和外部资源整合，从采购全局管理角度降低总成本。

通过对相关文献及资料的研究，发现采购阶段中的进度管理和接口管理会较大程度上地影响整个工程造价。

1. 采购进度

EPC 项目材料设备的采购进度直接影响着后续施工总体进度，甚至对项目总进度有着重大影响，如关键设备的采购计划安排直接影响着关键路径的进度计划，若关键设备采购的进度延误则极大可能会造成项目总进度的延误，这无疑给造价管理带来极大的负面作用。此外，采购关系着设计与施工，采购中任一环节出现任何的疏失，都将在一定程度上影响设计或施工的执行进度，总承包商为保证进度要求不得不进行多方面调整或增加额外资源投入，若造成项目总工期延误，则会给总承包商带来巨大的损失，如因拖延工期而罚款，更严重的是造成企业形象受损。因此，采购阶段应制订科学、严密的进度计划，有效的采购进度计划可以预防因物资进场的延期而造成的工期延误，预防因临时的、紧急的采购而造成的额外费用增加，相对地也预防因材料或设备过早进场而造成的管理费用增加等。因而采购进度应满足：首先，深刻理解、全面研究总承包合同以及设计各阶段发出的采购清单，明白相关材料设备的种类、规格、技术要求以及用量等，专业设备的规格、型号、功能要求以及采购量，以制订合理采购计划方案；其次，基于项目总进度规划和业主期望目标前提下制订的采购总进度计划应体现进度保证、质量保证、安全环保、价格合理等原则，避免造成采购的货物早进、多进或迟进，使材料设备积压或供不应求，造成现场、库存管理费用或紧急采购费用的增加；最后，采购进度应集成考虑设计和施工的进度要求，即采购进度应起着承接上游设计进度和连接下游施工进度的作用，这样才能保证采购工作与设计、施工形成衔接，而非毫无联系以致相互脱节，如在采购进度计划应呈现设计部向采购部发出采购清单的时间节点、施工各阶段关键材料设备进场时间等，保证各阶段进度计划中关键节点之间的衔接、协调和统一。

可见，采购进度的保证确保施工进度的保证，从而实现总进度的保证，进而实现工期成本的保证，起到造价整体管理的科学效益性。

2. 接口管理

EPC模式下采购处于总承包项目的中心环节，总承包商更应综合考虑采购与设计、采购与施工的内在联系而形成集成管理思维，做好采购与设计、施工之间的接口工作与信息管理，对缩短采购周期、降低采购成本与提高采购质量是非常必要且有效的。总承包商将采购工作向设计、施工阶段前后延伸，发挥采购集成管理作用，保证造价整体管理目标的实现。因此，接口管理的实现应做到以下几点：

(1)采购与设计的接口管理。

EPC模式下，采购与设计的接口主要表现在设计融入采购环节。首先，设计工作的结果为采购工作提供材料、设备的技术规范书、采购清单、图纸资料等，即设计的输出为采购的输入。在前期的设计阶段，采购部门可派代表参与设计前期工作从采购角度为设计提出合理化意见，如采购人员发现设计反映的供货范围不明确可提出疑问，确保后续物资采买的顺畅。其次，设计融入采购环节体现在：

①设计应及时向采购部门发出请购单，采购据此完成采购询价文件或招标文件，向供应商发出询价单。

②在确定供应商的过程中，采购人员与设计人员应相互配合，设计人员从技术角度对供应商提出评审意见供采购人员参考。

③在最终确定供应商之前，设计人员应加入到供应商协调会，从技术角度负责相关技术、图纸等资料的审查并提出疑问和改进意见。

④采购人员综合技术评审和商务评审以便更加合理地确定供应商。

⑤在确定供应商后，采购部门应及时将各阶段供应商所提交的设备确认图纸转交设计部门进行审查，并及时把审查结果反馈到供应商，保证设备制造的满足设计要求和供货要求。

⑥在设备制造、检验以及试验的过程中，采购部门应组织设计人员共同参与，以便更

好地处理技术方面问题，如在设备制造期间，对关键设备可进行驻厂监造，或根据需要采购人员应会同设计人员处理制造过程中的技术问题，将可能出现的变更尽早控制，确保设备符合工程要求，避免造成返工而带来的时间和费用的损失。图 4-2 所示为设计融入采购的主要流程。

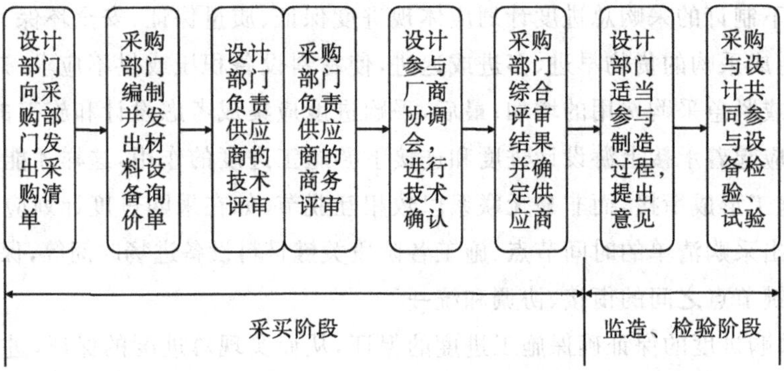

图 4-2　设计融入采购环节的主要流程

采购部门应加强同设计部门的工作交集，一是提高整体采购质量，二是及时获得由设计部门在不同里程碑时间点提交的物资采购清单，更关键在于及时制定采购策略取得设备进场前更多的浮动时间，出现变动便于及时调整，避免设备采购进度的变动影响施工执行进度，确保项目总体进度的执行不偏离原有计划轨道，同样起到 EPC 工程造价的间接控制。

(2)采购与施工的接口管理。

采购环节为施工及试运行环节提供所需的原材料、设备、施工机具以及专业设备等，即采购的输出成为施工的输入，采购输出的质量也是施工环节建筑产品质量形成的基础，因而采购与施工两个环节存在一定交集，将二者进行集成考虑，通过采购管理工作的整体优化来降低采购成本，具体应做到以下几方面工作：

①在材料设备采购方面，采购与施工接口管理的关键是做好工作接口的信息管理，使采购进度计划满足施工进度的要求。为保证施工工作的顺利开展，采购部门明确施工进度的要求，在采购计划中及时获取施工部门要求材料设备交付施工现场的时间，保持信息和进度计划的一致性，并会同相应施工管理人员共同制定科学的采购策略，如实行关键设备和生产周期较长的设备的提前订货，避免供货紧张或延误造成关键路径上的工期延误；大宗材料集中采购或将类似功能和要求的产品进行捆绑订货，将起到直接降低采购成本、满足施工进度计划的作用；在满足质量和技术的标准前提下，尽可能满足物资的就近采购，减少中间交易成本，确保物资及时到场。

②在设备运输环节方面，采购通常仅仅考虑运输过程产生的费用而很少考虑到场后施工安装费用。采购部门应从施工角度综合考虑材料和设备的运输方案，将设备解体运输或整体运输的成本与施工现场安装的进度、成本进行综合考虑，以决定设备是否解体或整体运输，因此，采购部门应加强同施工部门的合作，组织相关施工代表参与方案讨论以制订出经济合理的运输方案。

③在材料设备进场方面，优先考虑先施工的材料、设备先进场，同时，施工部门按采购部门的设备材料进场计划做好接货准备，如堆放的场地、储存的仓库等，落实为其进场所需的必备条件和设施，如运输工具、吊车等，同时施工部会同采购部、设计部对采购到场的材料、设备进行质量检查和验收，确保材料设备满足质量验收标准和设计要求，预防由材料设备质量问题产生的资源浪费、返工、停工等损失成本，对于质量不合格的，采购部应及时反映并做好记录以方便为后期采购工作绩效作出准确评价。

总之，满足长周期设备先采购，先施工的材料设备先进场，以降低采购难度和减少保管费用实现采购的准时性。此外，施工阶段存在很多不确定因素，如工程变更、施工进度拖延、施工工序提前都会对采购输出的准时性造成影响，可见，采购进度计划需要根据实际施工情况作出及时的动态调整。

综上所述，物资采购和施工环节的接口管理关键在于保持各方信息的透明、准确、畅通，明确各时间节点、工作环节的接口，简化接口，提高效率，目的在于以采购作为过渡环节连接设计和施工，确保项目整体实施顺畅，实现工程造价全局管理来降低项目总成本。

3. 供应商的选择与管理

EPC模式下，采购成本管理的特点是采购成本在项目中所占比例很大，但采购管理面临的影响因素相对较少，管理难度相对不高，因而此处物资的供应商在总承包项目的采购管理中占据着重要地位，视为采购成本管理的重点对象。首先，供应商的管理与采购的成本管理有着紧密联系，主要表现在供货商的选择直接关系到工程材料设备质量的合格性、供货的准时性、价格的合理性等，从源头起到缩短采购周期和降低成本的决定作用。其次，供应商是采购物资的直接来源，而供应商的选择和确定又是材料设备采购的前提，优秀的供应商将带给总承包商的是质量高、价格优的产品和配套服务，从而为企业创造更大利益。因此，EPC采购阶段工程造价管理应将供应商的选择与管理视为重要管理对象，对其采取相应的措施达到采购供应的集成管理，以整合外部资源形成采购成本的集成管理。

4.2 EPC采购阶段工程造价管理的实施策略

上一节对采购进度计划、做好采购与设计、施工接口的有效衔接作了比较详细的描述，强调了供应商对于采购成本管理的重要性，本节主要从供应商的选择与管理方面论述采购阶段工程造价集成管理的实施对策。

4.2.1 供应商的选择与管理

1. 供应商的选择

EPC模式下，物资的采购需求大、采购成本高，总承包商通过采用招标法来规范供应商选择流程具有科学实际的意义。其具体表现为：一方面，招标法作为工程造价管理中一种主流方法，在我国已具备较为完善的法律约束机制，运行机制成熟，可操作性强；另一方面，它使采购过程更为透明，保证整个采购流程规范化、标准化、科学化，充分利用市场竞争在众多供应商中选择性价比最高的来降低采购风险，获得优质供应商对供货的质量保证。具体采购招标流程如图 4-3 所示。

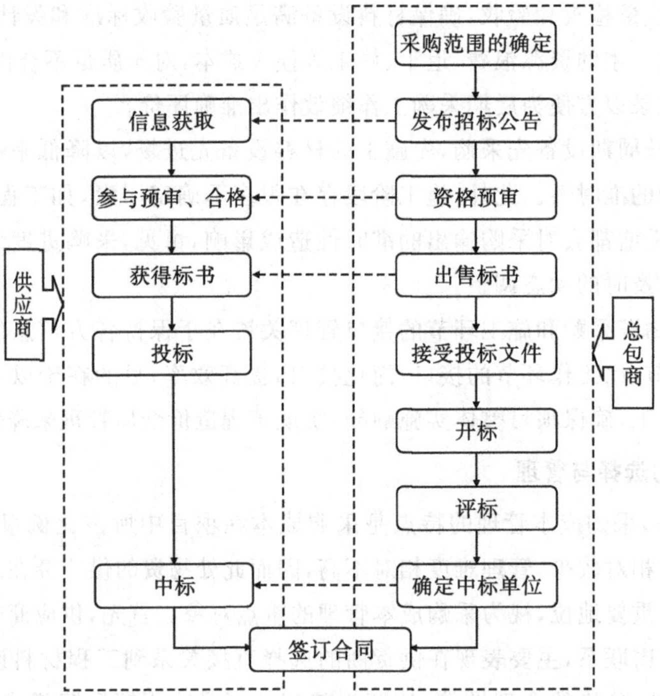

图 4-3　采购招标流程

2. 供应商的管理

传统采购方式只将焦点放在供应的选择，即在众多供应商中选择价格最优者，采购双方只注重采购前期管理，即主要是基于价格因素的驱动而建立的临时合作关系，没有形成后续稳定的合作联系。EPC 模式下的采购物资更多涉及的是专业设备及材料，采购风险大，其采购的准时性影响整个工程的进度。总承包商应从材料、设备的供应源头入手实施造价事前控制，即选择优秀的供应商作为合作伙伴并建立一种长期战略合作关系。战略合作关系体现的是一种集成化管理思想，即将供应商纳入总包商项目管理范畴形成外部资源管理，加强同供应商的信息交流，从为库存采购到为需要而采购，及时响应采购的动态需求。

(1)构建战略合作关系的意义。

基于集成管理的思想，总承包商要想达到供货的及时稳定，价格的合理优惠，可对其关键物资的采购选择相应的供应商建立一种互助、互利的合作关系。EPC 模式下，总承包商与供应商的战略合作关系可理解为：它是供需双方基于共同目标的前提下，形成一种长期的、稳定的、互助互利的合作关系，这种合作关系必须得到各方共识，并通过签订合同来加以明确，共同承担风险，相互交流、相互协作并能共享资源和信息，主动创新与共同开发，致力于以共同的利益目标进行绩效管理，并能采用科学的、适用的管理方法不断促进这种关系的可持续发展。战略合作关系追求的是供需双方的“共赢”，即对总承包商，在获得稳定的供货和合理的价格的同时降低库存总量，进而降低采购总成本，更重要的在于能获得对采购变化更快的响应速度和产品的质量保证；对供应商，即获得稳定市场的需求保证，又基于战略合作的关系而更明确下游用户的目标要求，促使产品开发的不断改进，既降低成本又提高质量，能创造比传统采购方式更好的效益。表 4 - 3 所示为两种不同方式下采购的比较。

表 4 - 3　传统采购与战略合作采购的比较

比较因素	传统采购方式	战略合作采购方式
采购方与供应商的关系	买卖关系	合作“共赢”关系
合作时间	临时、短期合作	长期合作
采购信息的管理	保守、闭塞	公开、透明
采购物资的交货情况	不稳定的库存采购	准时采购
响应需求能力	迟钝	灵活
采购管理的方式	一般的采购管理	总承包的外部集成管理
采购的成本控制	事后控制	事前控制

首先，传统采购是基于一般买卖交易，看重的是商品交易过程中供应商的价格比较，双方的合作关系是临时的、短期的，使企业无法确保拥有长期稳定的供货；其次，传统采购方式下各自信息是非共享、相对闭塞，即双方为了各自利益对其信息都有所保留的，不利于双方有效的信息沟通；最后，传统采购模式下，若材料设备交货状态不稳定，则会造成库存、现场积压或供货中断，当物资需求变化时，难以响应其改变，以上情况均会造成采购管理费用增加或工期拖延，如当某种材料需提前进场时，传统方式下的紧急采购虽然保证材料的进场，但是难以获得价格上的优势，并有可能因紧急采购而投入更多的人力、财力，导致额外费用增加造成采购成本管理失效。而战略采购通过与供应商建立一种合作关系，可以以合理低价及时从合作供应商处得到所需材料或设备，均满足了采购质量、进度以及成本的保证原则。尤其值得注意的是传统采购难以实现物资的准时采购，而准时采购是一种现代化科学的采购管理方式，其目的是在合适的时间把合适的

数量、价格和质量的物品送到合适的地点，最好地满足用户的需要。准时化采购模式能最大限度地减少采购供应过程中的浪费，使传统的库存采购转变为订单驱动的准时采购，从而降低库存管理成本。战略合作伙伴关系的建立能有效解决传统采购的弊端，使得采购管理通过整合外部资源到达准时采购的目的，消除采购环节中一切不必要的浪费，使采购环节为工程造价带来更大的节省空间。总的来说，实施战略合作根本的好处在于实现低成本、高质量的稳定供货。

(2)构建战略合作供应商。

EPC 战略采购合作供应商的选择与管理流程可以用图 4 - 4 表示。

①组建评价小组。

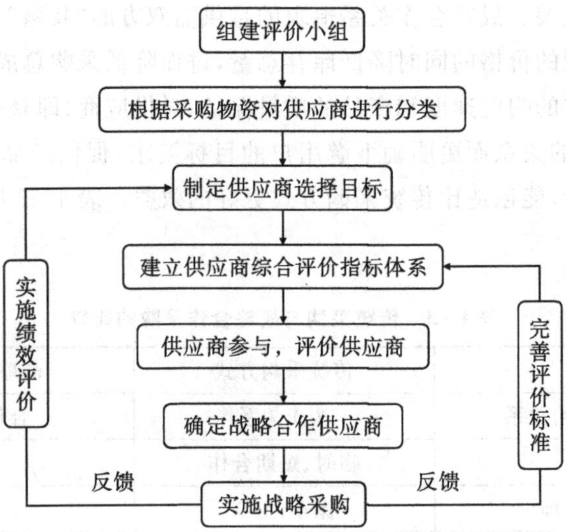

图 4-4　EPC 项目战略合作供应商选择与管理流程

评价小组由总承包商负责组建，其成员不只是采购部门的代表，还应包括来自设计、施工部门以及相关高层管理的代表、专家乃至业主代表，能发挥专业技能和决策作用。

②进行供应商的初步分类，确定潜在合作供应商。

对于战略合作伙伴的选择，总承包商应进行针对性的选择，从众多供应商中确定实施战略合作的潜在供应商，这样更符合现代项目管理的科学化思想。

③制定供应商选择目标部门。

④构建供应商综合评价指标。

建立综合评价潜在供应商的标准和依据。因而该指标体系应体现出通用性、全面性、科学性和可操作性。本书在总结相关研究及资料后得出企业在评价供应商方面通常看重的指标有：产品质量、价格、供货柔性、技术水平、服务、企业综合能力。

⑤供应商评价。

收集与潜在供应商相关的信息，进行全面分析，选择合适的方法和技术手段实施供应商的综合评价。

⑥实施战略合作，对整个战略合作的过程和结果进行绩效评价。

在实施战略采购方式后，总承包商应及时对整个采购实施过程进行绩效评价，并根据评价反馈的结果来作为完善供应商综合评价指标的依据，以及对供应商的评价依据，以改进供应商工作或决定是否重新选择更优秀、合适的合作供应商；此外，总承包商通过全面和持续的绩效评价，能促使供应商能积极主动地采取先进有效的措施来提高产品质量、供货柔性或提供更完善地售后服务同时又保证价格的合理性，显著提高总承包商采购管理的整体效果，不仅能减少采购阶段的费用支出促进工程造价控制效果，而且能整合外部资源为企业创造长远的可持续性效益。

综上可得，拥有优秀的供应商从源头上决定了 EPC 总承包商实现采购阶段造价管理的全局最优，以灵活响应采购需求，降低采购交易成本，缩短采购周期，进而降低总承包项目成本，同时又向业主提供优质的产品和服务；其次，通过战略合作，总承包商将分散的资源、节点进行有效整合，基于信息透明的前提下实现对采购成本的准确把握；最后，总承包商通过实施战略采购不仅是未来采购管理的发展趋势，更提高企业竞争实力，是总承包企业实现可持续发展的重要途径。

4.2.2 采购管理策略

统筹规划，把握内部采购环节的控制要点。工程物资采购包括采购计划、采买、催交、检验和运输等具体环节，要求承包商有战略远见，善于抓住主要矛盾，把握各环节的控制要点，以此实现高效的采购管理。下面对 EPC 承包商采购部的内部管理进行详细探讨。

1. 采购的基本程序

(1)编制采购计划；

(2)确定合格供应商；

(3)采购申请；

(4)询价及报价评审；

(5)召开供应商协调会及签订采购合同；

(6)催交、检验、运输；

(7)物资交接及收尾服务。

2. 采购计划

项目采购计划是项目总体计划在采购方面的深化和补充，是采购工作的具体而详细的指导性任务文件。EPC 项目的采购计划可分为总体计划(plan)与采购进度计划(schedule)。总体采购计划一般包括的内容有：项目采购范围；业主相关部门对采购工作的特殊要求，以及业主对采购文件的审查规则；与厂家/供货商的协调程序和采购工作应遵守的工作程序；项目采购进度与费用的控制目标；总体采购原则，包括符合合同原则、进度保证原则、质量保证原则、价格经济原则、安全保证原则；采购其他问题说明等。

采购进度计划是在采购总体计划的框架下，完成主设备、主材、辅材、各类消耗性备件等物资采购的进度控制目标，由采购部经理组织其人员编制的计划性文件。在对 EPC 项目采购进度计划控制时，需要重点关注以下两方面的内容：

(1)计划的“刚性”与“柔性”相结合。其“刚性”主要表现在采购进度计划必须满足项目的总体进度计划。但由于项目总体计划在实施过程中可能有所调整(update)，而且大型复杂的长周期设备的供货周期受到很多外部条件的约束，容易发生改变。因此，在确保符合总体进度计划的同时，最好保持一定的弹性。

(2)采购进度计划与设计进度计划、施工进度计划的衔接。在采购进度计划中，应充分考虑设计部向采购部提交请购文件的时间，厂家返回图纸资料和审查的时间，施工部要求材料、设备交付项目现场的时间，各进度计划之间必须协调一致。

3. 采买

采买的步骤及内容：接受设计提交的采办清单，包括设备、材料采办清单，设备、材料采购说明书、询价图等；编制询价文件，包括技术部分和商务部分；选择合格询价厂商，并对合格供货厂商进行资格预审；根据设计提供的采购文件向多家供货商询价；报价的技术评审（设计部门负责）和商务评审（采购部门负责）；确定2～3家拟合作的可能供货商；与可能的供货商进行合同谈判；签订合同，发放订单；供货厂商协调会；签发采买订单（签订采购合同）。

采买工作是指采购部门从询价到下订单的工作流程。对于采买的具体物资，可以分为两大类：第一类是必须从业主确定的“供货商名单”（vendors list）购买的物资，这类物资主要是工程设备；另一类是EPC承包商可以自行决定从市场采购的其他设备和材料。对于第一类物资，下订单前一般须获得业主的批准，但一般只是程序的审核，即：采购的供货商/厂家是否符合合同的约定。对于后一类物资，可以根据EPC承包商内部的采购程序执行。物资采买过程中需要注意如下几方面：

(1)采买方式的选择。国际工程中，物资的采买方式包括公开招标（open bidding）、邀请招标（invited bidding）、议标/单一货源采购（negotiation/singlesource）。但由于项目实施条件的限制，对大宗材料和设备，大多采用邀请招标或直接议标采购。对于确定参加投标的厂商应综合考虑各厂商的技术水平、生产能力和信誉，且不要太多，应控制在三到五家为宜。

(2)招标/询价文件以及供货合同的编制。物资采购的招标/询价文件的编制是采买过程中最重要的环节之一，尤其是设备采购。招标/询价文件由技术询价文件和商务询价文件构成。技术文件主要包括请购单、数据表、技术规格说明书、相关图纸。商务文件主要包括供货基本合同条件和报价表。在编制商务文件时，应根据EPC合同的要求来强调供货商必须满足的供货条件，如交货期等。合同控制方面，对各种细节比如拟采购物资的技术要求、供货方式、供货时间、结算方式都要写清楚，防止因合同不明造成不必要的争端和索赔。

(3)价格以及支付方式的确定。采购过程中，EPC承包商应选择适合自身的价格方式，并在合同中约定下来。对于施工所在国当地所采购的物资，可以采用出厂价或交付现场价。对于从其他国家采购的物资可以采用离岸价、到岸价、货运至指定目的地价等。另外，在与供货商签订供货合同时，关于支付条件，应考虑EPC合同对设备和材料的支付方法，尽量避免EPC承包商垫付过多的资金。

4. **催交**

催交的步骤及内容：落实供货厂商设备、材料制造计划和交付计划；落实供货厂商原材料供应及其他辅料的供应；催办先期确认图和最终确认图的提交，审查确认和返回给制造商；跟踪制造计划和交付计划。

从签订采购合同开始到最终物资抵达现场都属于催交工作的范畴。对于EPC项目的采购来说，催交是一项十分重要的工作，从EPC项目的实践来看，催交的工作量占整个采购工作量的20%～30%。催交工作要有预见性，供货商有多种情况不能够按时交货，比如在准备、加工制造、装运过程中出现问题，供货商有时面临很多订单，不能按时生产出所采购设备或其质量规格与合同不符等，这就要求催交工作人员能够及时发现问题并采取有效的费用控制和质量保证措施，以防进度拖延。如果项目的采购量大，采购过程不易控制，则可以在 EPC 采购部设置专门的催交工程师，负责催交工作。尤其对于设备采购，其催交工作比较紧迫，为此需要制订详细的催交计划。通过与供货商在设备设计、制造、运输等各环节保持紧密联络，从而实施监督检查。对于材料采购，主要工作集中在每次材料启运前，向供货商确认所运材料是否属于按计划本次应运的材料，防止运至现场的材料与计划所需不一致，对工期造成延误。

5. **检验**

检验的步骤及内容：落实第三方检验计划及合同的签订；落实业主检验计划；关键设备、材料安排驻厂建造和设备材料出厂检验；进出口海关检验；运抵现场开箱检验。

项目采购部根据采购申请和相关合同、规范的要求，负责在供应商的工厂检查设备、材料和监督试验。对检验进行分级管理，确保所有的设备、材料完全符合批准的采购申请和相关的技术要求及检查/试验等级要求。进出口设备材料必须经过国家或地方的商检机构(如商检局)的商品检验。

检验工作是对所采购物资的质量是否符合要求的检查工作，是采购过程中的质量保证环节。检验的类别可以分为：现场接收检验、启运前检验、工序节点检验、驻厂检验。根据设备和材料的重要性和复杂性，加上交货期方面的因素，可以考虑进行这四类检验中的任何一类或几类同时应用。检验工作的核心是确保材料、设备的质量符合订货合同规定的要求。操作过程中，应避免由于质量问题影响工程建设，并依据项目机构人员配备的具体情况，由专业的检验人员做好材料设备制造过程中的监制、检验和验证工作。每次检验结束后，应由承包商检验工程师整理检验报告，真实地纪录检验的过程和结果，并给出被检验的设备或材料是否符合合同的规定。检验合格的签发检验认可书，对不合格品的处理方法通常是：其一，要求制造厂返工、返修以达到要求，提出的返修方案应征得工程公司的同意；其二，若返修后仍不合格，在不影响安全和使用功能情况下，经设计人员认可，可让步或降级使用；其三，拒收或报废，对不合格品经返工返修后仍不能达到规定要求时，应予拒收，对已采购的产品按报废处理。需要注意的是此类检验属于验证，并不解除厂商对产品的最终质量责任。

6. **运输**

运输的步骤及内容：选择合理的运输方式；签订运输委托合同；办理或督办运输保险；办理或委托办理进出口报关手续；跟踪货物运输(重点是超限或关键设备、材料)。

运输是指设备材料制造完毕，经检验合格后，从制造厂到施工现场这一过程中的包装、运输、保险等业务。项目采购部负责所有运输活动的管理和控制。运输工作中需要注意控制运输的费用、安全性、运抵现场的时间，以经济的方式保证物资顺利到达现场。运输也是国际物资采购过程一个受外部环境影响最大的环节。不同运输方式的选择会对价格、运抵时间造成较大的影响。在运输工作开始前应制订具体的运输工作计划，包括准备工作、运输时间、运输方式和运输路线的确定。对于大型设备要注意选择从港口到施工现场的运输路线，对于贵重物资还要选择购买合适的保险种类。运输方式的选择对采购价格有较大的影响。按交货的地点不同，可以分三种：出口国内交货、装卸港口交货以及目的地交货。其中出口国内交货价格最低，但是需要自行办理清关、运输、保险等手续，比较烦琐，如果不熟悉这些业务则可能会影响运输时间和最终价格；目的地交货方式费用最高，但同时也减轻了采购方的风险，简化了手续。EPC 承包商应根据自身采购部的人员配置和采购经验选择最适合的交货方式。工程实践中，应用最多的是 CIF 到岸价方式。

7. **中转与交付**

(1)中转站的设置。

中转站的设置应综合考虑项目所覆盖的范围、途经的地形地貌、交通条件以及施工分包商的状况等各方面因素，使每一个站都能充分发挥其作用，满足各施工分包商的设备材料需要。站址的选择应考虑以下方面：

①交通便利，接货方便。

②能满足中转站所负责区域工程材料的施工进度、材料装卸、存储、运输、保管的要求。

③材料中转方案的确定必须经过实地踏勘，形成较为翔实的可研报告，报业主批准。

(2)物资调拨程序。

①需要在中转站临时存储的设备材料。

A. 中心调度室根据项目进度向采购部下达物资调拨通知。

B. 项目采购部依据设计图纸汇总料表，核对施工部申请用量，并根据货物的实际到货情况下达调令，中心调度室与采购部负责人签字确认后，下达给施工部与中转站执行。

C. 中转站按照调令开具调拨单，并做好物资调拨准备，保证配套设备、附件、工具的齐全；保管员严格按照调令发料。

D. 设备或材料如有随箱资料(如合格证、材质单、使用说明、安装手册、维修手册等)，应保存原件，在发货时将其复印件交领料人，并在调拨单备注中注明所发资料的名称、数量。

E. 直拨材料，由项目采购部开具直拨单，领料人签字提货；合格证等资料原件保存在采购部，将其复印件交领料人，并在直拨单备注中注明所发资料的名称、数量。

②直接运抵现场的设备材料。

采购部根据中心调度室批准的施工用料计划将设备材料直接运至现场，并与施工部办理物资交接手续。

8. **剩余物资的处理**

项目完工后，项目采购部应编制剩余物资实物明细报表，按材料大类进行汇总，经项目经理部上报工程总承包企业审核备案。项目经理部要按不同材料的保管规程对项目剩余物资进行保管保养，同时编制剩余物资处理方案并上报工程总承包企业审批。

剩余物资的处理方式有以下几种：

(1)与供应商谈判退回剩余物资；

(2)将剩余物资汇总表提交设计人员,在以后的项目中考虑使用;

(3)与业主协商,作为业主的备品备料;

(4)销售处理。

9. **甲方供材**

业主提供的材料原则上由业主负责其质量,但EPC总承包商要协助做好服务工作,为业主提供详细的采购资料,推荐合格供应商,参加业主组织的检验工作。

EPC总承包商在接收甲方供材时应进行目测检查,验证其正确标识、数量、文件,并检查在搬运或运输中可能造成的损坏。发现数量不足或质量缺陷等问题,应立即通知业主。在EPC总承包商目测材料之后,此类材料就移交给了EPC总承包商,EPC总承包商应开始负责保管,应以适合于该材料的方式存贮和维护甲方供材。即使业主提供的材料移交给EPC总承包商保管之后,如果材料数量不足或质量缺陷不明显,目测发现不了,业主仍为之负责。

结合以上论述,我们不难看出,在工程实践中EPC内部采购管理的各环节发挥着各自独特的作用。各环节的控制点各有侧重,但却也在整体上统一于对相关合同的响应,实现了有据可依。EPC承包商在内部采购管理方面要做到统筹规划,整理分配资源,任何环节的缺失和故障,都会影响整个采购工作的实施和开展。

4.3 EPC采购管理新趋势

随着EPC模式的广泛应用,采购管理被寄予了更高的期望,不仅要求承包商对合同内容有清晰的认识,对内部采购管理的实施有明确的分工和侧重,还要求承包商把握最新发展趋势,不断改进自身采购管理策略和方式。笔者结合对EPC项目采购相关实例的研究,认为EPC工程采购管理面临如下新趋势:

4.3.1 战略采购

传统的物资采购强调遵循4R原则,即在合适的时间,以合适的价格将合适的材料和设备送到合适的地点(delivering the right material, at the right time, to the right place, at the right price),4R原则是企业竞争最根本的保证。战略采购是将采购提升到战略高度,是实现传统4R的重要方式。战略采购的核心工作是,制定良好的战略规划,实现与供应商之间良好的合作关系,促成供应链管理。需要指出的是,随着竞争的加剧,企业制定战略的涉及范围更广,将囊括更多的供应链成员,所有成员共同合作,最终目标是达到“多赢”,而不再是传统意义上的双赢或输赢论。战略伙伴关系是近年来各行业普遍推行的一种模式,在工程领域是指参与一个工程项目的各方之间的合作关系。战略伙伴关系之于采购管理,主要体现在承包商与供应商之间由于产品的供求而建立起的一种合作关系。优秀的供应商是承包商获得项目成功的有效推动,与其建立战略采购关系,可以帮助供应商改进流程,解决相关的质量问题,降低供应商成本,从另一方面促成了承包商利润的实现。长期来说,供应商的状况对承包商的赢利能力至关重要。在目前激烈的竞争形势下,与供应商之间战略伙伴关系的建立,是承包商迫切需要实施的一个重要战略,而战略采购也将成为采购管理的重要职能。

4.3.2 搭设信息网络平台

电子商务是基于电脑和互联网的普及而发展起来的一种新兴的商务方式,其功能已从信息共享演变成一种大众化的信息传播工具。由于采购是承包商企业与市场的最直接通道,电子商务的发展不仅对传统的采购模式提出挑战,也为采购管理带来了新契机。主要体现在:其一,电子商务的应用降低了采购成本。通过及时和公开公平的信息传输渠道,承包商能够掌握最新的采购信息。同时为构建战略伙伴关系,提供了技术支持,两者之间基于电子商务的信息交流和协作关系,必将有效降低交易成本。其二,加强了企业对于采购数据的分析和反馈。通过对采购实施信息化管理,使采购数据真正实现了"会话"功能。承包商可以运用数据本身的价值分析和反馈结果,更科学地指导采购策略的制定。

目前,承包企业对于互联网和电子商务的应用不断深入,但仍比较局限,基本停留在对信息的获得方面。这本身是一种进步,却也预示着更大的空间需要去发现和开拓,比如订单跟踪、资金转账、产品计划、进度安排等。采购管理中更多电子商务的应用是一种必然,两者之间的协调发展将会给采购模式带来一场新的革命。

第5章

EPC施工阶段工程造价管理

5.1 EPC施工阶段造价管理概述

较设计阶段，施工阶段节省EPC项目总成本的空间仅为5%～10%；较采购阶段，施工阶段造价占项目总造价的比例可能只有40%左右，但这并不表明EPC模式下施工阶段工程造价的管理不具重要性，相反，施工阶段正是人力、物力等大量资源投入的阶段，涉及管理与协调的参与方众多，具有相当的难度，其造价的控制与管理才真正进入到实际性的操作阶段，对整个EPC项目总造价的控制效果起着决定性的作用，其管理的成效与项目的内在经济效益和外在社会效益有着紧密联系。如DBB模式下施工阶段，承包商只需按图施工而几乎不用考虑后期试运行，而EPC模式下，总承包不仅负责工程试运行工作，还需综合协调多方的关系。

5.1.1 EPC施工阶段造价管理特点

1. 施工阶段工程造价控制与管理概述

工程施工阶段是通过工程项目实施，大量资金发生密集流动，施工不断物化，使工程设计意图最终形成工程实体，建成投产发挥效益的重要阶段。工程施工阶段工期长、资金投入量最大、资源消耗多，不可预见因素多，所以其造价管理的好坏，直接影响到项目的效益。施工阶段造价管理的核心就是在工程造价由货币形态向实物形态转化的过程中，通过科学管理，一方面在工程合同价格下有效控制工程造价，防止工程结算超预算；另一方面最大限度地取得经济效益，实现企业的经营目的。施工阶段影响工程造价的可能性只有5%～10%，节约投资的可能性很少，但工程资金使用却主要发生在这一阶段，投资浪费的可能性很大。因此建设单位应加强对施工阶段工程造价控制的管理，尽量减少投资浪费，降低企业成本，以提高企业施工阶段的造价管理水平，获得满意的经济和社会效益。

2. 施工阶段工程造价控制与管理存在的主要问题

(1)合同条款欠缺严密性。

工程建设项目施工合同是双方当事人关于建设项目施工事宜依法订立的有关权利、义务和责任关系的约定，一个完整、科学、合理的施工合同具体内容均体现在与工程造价有关的信息上，具体包括合同文件的组成与解释顺序，具体、明确的工程实施范围，工程数量，总造价的组成，计费方式及费率，浮动率，工程款的支付方式，工程的变更、签证等规定，工程结算、工期、质量的约定，检测、检验费，索赔、风险责任，保险，甲供材料和设备，分包工程等。上述各项内容如稍有不明确或确定不合理，即可对造价造成很大影响。一些建设单位为了减少建设资金，利用"僧多粥少"这一现象，在招标工程中任意压价，导致工程造价严重失真，从而使得个别施工单位通过低价中标，而在施工过程中却想方设法增加现场签证及技术变更，以获得额外收入，或干脆偷工减料，在材料上以次充好来蒙混过关，留下质量隐患。

(2)设计变更滞后。

现场施工管理人员只顾施工,为赶工期而先施工后变更;施工单位从自身利益出发,通过设计变更,增加工程量或追求较高利润。这种工程项目或这种工程量增减未能与业主及时办理变更委托手续或手续模糊等现象,都会影响到工程结算的滞后。

(3)现场管理松散、经济签证人员缺乏严谨。

由于有些现场施工管理人员的业务素质差,业务水平不高,缺乏有效的监督管理和现场工作实际经验,致使现场管理混乱,签认的原始数据没有合理性、真实性。不应签证的工程量盲目签证,有的现场工程量问题不经核实随意签证、确认,或者工程量该签立方的签成平方,又不标明深度,待造价工程师发现时工程已隐蔽,给最后结算留下隐患,有的承包商为获取高利润,设法巧立名目,弄虚作假,有意扭曲合同的界限含义,扩大工程施工工程量,以少报多,如遇上素质低、业务差或不负责的监理或甲方人员就很容易蒙混过关,造成造价失控。

5.1.2 EPC 施工阶段造价管理的主要影响因素

EPC 模式下施工阶段影响工程造价管理的主要因素体现在以下几个方面:

1. 不确定性因素的影响

施工阶段是总包商最难控制和面临可变因素最多的阶段,主要表现在:首先,EPC 建设项目规模大,难度高,建设周期长,涉及参与方众多,极大增加了项目管理的风险和难度;其次,在项目实施过程中,施工现场各部门管理人员、现场操作人员等相关工作人员面临的可变因素繁多,如环境因素、市场因素、人为因素等,各种因素可能导致工程变更、价格波动或安全隐患的增加,特别是由不可预见的因素所引发风险的可能性更高,而风险的发生必将给总承包带来一定的损失甚至是更严重的后果,如导致工程的长期停工,这些都不同程度地影响施工阶段工程造价控制效果。可见,施工阶段存在的各种不确定性因素,对项目工程造价管理目标的实现有很大程度的影响,任一可变因素引发的风险都可能造成造价管理失控,也证实了施工阶段造价管理的难度最大。

2. 多要素的影响

对总承包商而言,施工阶段工程造价集成管理面临质量、工期、成本、HSE 全要素管理各要素之间相互制约联系,任何一个要素的变动都会牵动另一个或多个要素的变化,如提高工程质量或加快进度,需要投入更好的物力、更多的人力,其造价势必随之增加;又如忽视 HSE 管理而引发环保问题或安全事故,使整个项目的顺畅实施遇到阻碍以及企业的社会形象遭到受损。要得到优质合格的工程,总承包商应从全局角度将各个要素集成管理,尽量做到各要素之间整体控制与均衡管理。

3. 不同利益主体的影响

施工阶段是将设计输出、采购成果直接转化为工程实体的实施性阶段,涉及了参与实施的多个不同主体,各个主体之间是一种相对独立又相对制约的关系,如业主与分包商之间不存在直接关联,即没有合同的约束关系,但分包商与总包商就相应的分包工程均对业主承担连带责任,使其存在一种隐形的制约关系。因此,在该阶段总承包商会面临业主、各类分包商、材料设备供应商等不同利益方，各方之间形成的是一个复杂且庞大的系统，总承包商需以集成思想进行各不同参建主体之间的控制与协调管理，正确处理、协调各方利益关系、协助关系、制约关系，确保工期目标以保证造价管理目标。

4. **材料设备的影响**

施工阶段是人工、材料设备、机械等实体资源真正大量投入的阶段，对资源的合理优化配置将减少实际施工过程中的各种浪费，从而有效降低施工阶段费用支出，尤其是材料设备在所有投入费用中占主要比重。EPC 模式下施工阶段的材料设备主要受市场价格、采购管理、现场管理以及储备库存管理的影响，如主要材料价格的上下浮动都将直接影响造价的正负变动；物资采购量的准确性直接影响工程实施的顺畅，避免过少而引起停工；材料的现场管理直接影响现场施工的工作绩效以及安全性等，而材料或设备的仓储管理直接影响物资库存管理费用的高低，过多的库存必然带来更多的费用，而库存的不足有可能引发材料的短缺导致施工进度缓慢，因而物资合理的储备才能实现费用最小化。因而，材料设备的管理在施工阶段造价管理中占据着重要地位，因而总承包商应尤其重视加强造价专业的工作管理，注重工程造价信息方面的建设以及时、准确获得造价相关信息，提高算量的准确性获得材料或设备的合理使用量；加强与采购部门的接口管理以确保物资的准时进场，尽量实现物资的准时采购以最大化减少库存量。

5.2 施工阶段投资控制

5.2.1 施工预算与工程成本控制

1. **施工预算概述**

施工预算是施工企业为了适应内部管理的需要，按照项目核算的要求，根据施工图纸、施工定额、施工组织设计，考虑挖掘企业内部潜力由施工单位编制的技术经济文件。施工预算规定了单位或分部、分项工程的人工、材料、机械台班消耗量，是施工企业加强经济核算、控制工程成本的重要手段。

(1)施工预算的编制内容。

①计算工程量；

②套施工定额；

③人工、材料、机械台班用量分析和汇总；

④进行“两算”对比。

(2)施工预算的编制依据。

①经过会审的施工图、会审纪要及有关标准图；

②施工定额；

③施工方案；

④人工工资标准、机械台班单价、材料价格。

(3)施工预算的编制方法。

①实物法。根据施工图纸、施工定额,结合施工方案所确定的施工技术措施,算出工程量后,套用施工定额,分析人工、材料以及机械台班消耗量。

②单位估价法。根据施工图纸、施工定额计算出工程量后,再套用施工定额,逐项计算出人工费、材料费、机械台班费。

2. 成本分析

在施工过程,可以采取分项成本核算分析的方法,找出显著的成本差异,有针对性地采取有效措施,努力降低工程成本。

绘制成本控制折线图。将分部分项工程的承包成本、施工预算(计划)成本按时间顺序绘制成成本折线图。在成本计划实施的过程中,将发生的实际成本绘在图中,进行比较分析(见图5-1)。

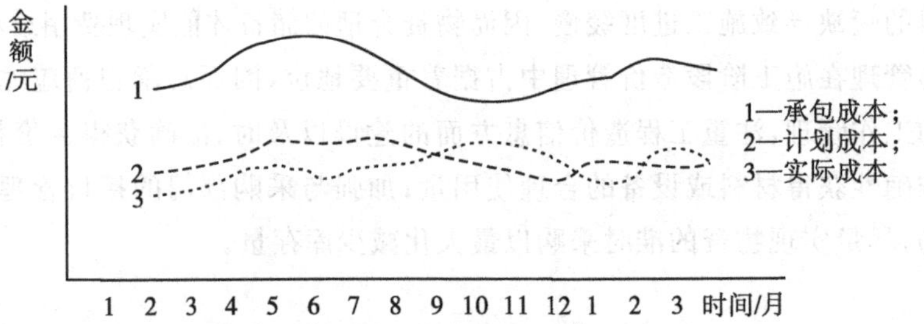

图5-1 成本控制折线图

制定分项成本分析表进行比较分析(见表5-1)。

表5-1 分项成本分析表

<table>
<tr><td rowspan="3">分部或分项工程</td><td colspan="3" rowspan="2">计划成本
(施工预算成本)</td><td colspan="3" rowspan="2">实际成本</td><td colspan="4">成本分析</td><td rowspan="3">显著的成本差异</td></tr>
<tr><td colspan="2">增</td><td colspan="2">减</td></tr>
<tr><td>数量</td><td>单价</td><td>金额</td><td>数量</td><td>单价</td><td>金额</td><td>金额</td><td>单价</td><td>金额</td><td>单价</td></tr>
<tr><td></td><td></td><td></td><td></td><td></td><td></td><td></td><td></td><td></td><td></td><td></td><td></td></tr>
</table>

(1)人工费的控制。

在施工过程中,人工费的控制具有较大的难度。尽管如此,我们可以从控制支出和按实签证两个方面来着手解决。

①按定额人工费控制施工生产中的人工费,尽量以下达施工任务书的方式承包用工。如产生预算定额以外的用工项目,应按实签证。

按预算定额的工日数核算人工费,一般应以一个分部或一个工种为对象来进行。因为定额具体的分项工程项目由于综合的内容不同,可能与实际施工情况有差别,从而产生用工核定不准确的情况。但是,只要在更大的范围内执行,其不合理的因素就会逐渐克服,这是由定额消耗量具有综合性特点决定的。所以,下达承包用工的任务时,应以分部或工种为对象进行较为合理。

②产生了合同价款以外的内容,应按实签证。例如,挖基础土方时,出现了埋设在土内的旧管道,这时拆除废弃管道的用工应单独签证计算。又如,由于建设单位的原因停止了供电,或不能及时供料等原因造成的停工时间,应及时签证。

(2)工程材料费的控制。

材料费是构成工程成本的主要内容。由于材料品种和规格多,用量大,所以其变化的范围也较大。因而,只要施工单位能控制好材料费的支出,就掌握了降低成本的主动权。

材料费的控制应从以下几个方面考虑:

①以最佳方式采购材料,努力降低采购成本。

A. 选择材料价格、采购费用最低的采购地点和渠道。

B. 建立长期合作关系的采购方式。建筑材料供应商往往以较低的价格将材料销售给老客户,以吸引他们建立长期的合作关系,以薄利多销的策略来经销建筑材料。

C. 按工程进度计划采购供应材料。在施工的各个阶段,施工现场需要多少材料进场,应以保证正常的施工进度为原则。

②根据施工实际情况确定材料规格。在施工中,当材料品种确定后,材料规格的选定对节约材料有较重要的意义。例如,楼梯踏步贴瓷砖,当楼梯净宽为 1350 mm,踏步宽为 300 mm,高为 150 mm 时,选用哪种规格的地面砖较合理。通过市场调查,符合楼梯用的地面砖有 350 mm×350 mm、400 mm×400 mm、450 mm×450 mm、500 mm×500 mm、600 mm×600 mm 等规格,假如规格的地砖每平方米的价格是一样的,如何选择最合理呢?

上述问题中规格不同,但是每平方米价格是一致的,我们可以通过采用哪个规格地砖的损耗最低的原则来选定,分析过程如下:

楼梯踏步板和踢脚板贴瓷砖时,缝要对齐,所以只能选择其中一种规格,不能混用。

A. 以踏步宽计算。

350 mm×350 mm 规格:踏步板切割一次,丢掉 50 mm 宽;踢脚板切割两次,丢掉 50 mm 宽。

400 mm×400 mm 规格:踏步板切割一次,丢掉 100 mm 宽;踢脚板切割两次,丢掉 100 mm 宽。

450 mm×450 mm 规格:切割一次,分成 300 mm 宽、150 mm 宽,无浪费。

500 mm×500 mm 规格:切割一次,分成 300 mm 宽、150 mm 宽,丢掉 50 mm 宽。

600 mm×600 mm 规格:切割一次,分成 300 mm 宽两块,或切割三次,分成 150 mm 宽四块,没有浪费。

结论:采用 450 mm×450 mm 或 600 mm×600 mm 规格较为合理,无浪费。

B. 以楼梯宽计算。

350 mm×350 mm 规格:1.35/0.35=3.86(块)≈4(块)。

400 mm×400 mm 规格:1.35/0.4=3.38(块)≈4(块)。

450 mm×450 mm 规格:1.35/0.45=3(块)。

500 mm×500 mm 规格:1.35/0.5=2.70(块)≈3(块)。

600 mm×600 mm 规格：1.35/0.6＝2.25(块)≈3(块)。

结论：450 mm×450 mm 比 600 mm×600 mm 更合理，没有浪费，所以选用 450 mm ×450 mm 规格的地砖最经济合理。

③合理使用周转材料。金属脚手架、模块等周转材料的合理使用，也能达到节约和控制材料费的目的。这一目标可以通过以下几个方面来实现。

A. 合理控制施工进度，减少模板的总投入量，提高其周转使用效率。由于占用的模块少了，也就降低了模块摊销费的支出。

B. 控制好工期，做到不拖延工期或合理提前工期，尽量降低脚手架的占用时间，充分提高周转使用率。

(3)做好周转材料的保管、保养工作，及时除锈、防锈，通过延长周转使用次数达到降低摊销费用的目的。

(4)合理设计施工现场的平面布置。材料堆放场地合理是指根据现有的条件，合理布置各种材料或构件的堆放地点，尽量不发生或少发生二次搬运费，尽量减少施工损耗和其他损耗。

5.2.2 工程变更与合同价的调整

1. **工程变更**

(1)工程变更的概念。

在工程项目的实施过程中，由于种种原因常常会出现设计、工程量、计划进度、使用材料等方面的变化，这些变化统称工程变更，包括设计变更、进度计划变更、施工条件变更以及原招标文件和工程量清单中未包括的"新增工程"。

(2)工程变更的产生原因。

工程变更是建筑施工生产的特点之一，主要原因如下：

①业主方对项目提出新的要求；

②由于现场施工环境发生了变化；

③由于设计上的错误，必须对图纸作出修改；

④由于使用新技术有必要改变原设计；

⑤由于招标文件和工程量清单不准确引起工程量增减；

⑥发生不可预见的事件，引起停工和工期拖延。

(3)工程变更的确认。

由于工程变更会带来工程造价和工期的变化，为了有效地控制造价，无论哪一方提出工程变更，均需由工程师确认并签发工程变更指令。当工程变更发生时，要求工程师及时处理并确认变更的合理性。一般过程是：提出工程变更→分析提出的工程变更对项目目标的影响→分析有关的合同条款和会议、通信记录→初步确定处理变更所需的费用、时间范围和质量要求(向业主提交变更详细报告)→确认工程变更。

(4)工程变更的控制。

工程变更按照发生的时间划分,有以下几种:

①工程尚未开始:这时的变更只需对工程设计进行修改和补充。

②工程正在施工:这时变更的时间通常很紧迫,甚至可能发生现场停工,等待变更通知。

③工程已完工:这时进行变更,就必须做返工处理。

因此,应尽可能避免工程完工后进行变更,既可以防止浪费,又可以避免一旦处理不好引起纠纷,损害投资者或承包商的利益,对项目目标控制不利。首先,因为“承包工程实际造价=合同价+索赔额”,承包方为了适应日益竞争的建设市场,通常在合同谈判时让步而在工程实施过程中通过索赔获取补偿;由于工程变更所引起的工程量的变化、承包方的索赔等,都有可能使最终投资超出原来的预计投资,所以造价工程师应密切注意对工程变更价款的处理。其次,工程变更容易引起停工、返工现象,会延迟项目的完工时间,对进度不利。再次,变更的频繁还会增加工程师的组织协调工作量(协调会议、联席会的增多);而且,变更频繁对合同管理和质量控制也不利。因此对工程变更进行有效控制和管理十分重要。

工程变更中除了对原工程设计进行变更、工程进度计划变更之外,施工条件的变更往往较复杂,需要特别重视,尽量避免索赔的发生。施工条件的变更,往往是指未能预见的现场条件或不利的自然条件,即在施工中实际遇到的现场条件同招标文件中描述的现场条件有本质的差异,使承包商向业主提出施工单价和施工时间的变更要求。在土建工程中,现场条件的变更一般出现在基础地质方面,如厂房基础下发现流沙或淤泥层,隧洞开挖中发现新的断层破碎等。

在施工实践中,控制由于施工条件变化所引起的合同价款变化,主要是把握施工单价和施工工期的科学性、合理性。因为,在施工合同条款的理解方面,对施工条件的变更没有十分严格的定义,往往会造成合同双方各执一词。所以,应充分做好现场记录资料和试验数据库的收集整理工作,使以后在合同价款的处理方面,更具有科学性和说服力。

(5)工程变更的处理程序。

①建设单位需对原工程设计进行变更,根据《建设工程施工合同文本》的规定,发包方应不迟于变更前14天以书面形式向承包方发出变更通知。变更超过原设计标准或批准的建设规模时,须经原规划管理部门和其他有关部门审查批准,并由原设计单位提供变更的相应图纸和说明。发包方办妥上述事项后,承包方根据发包方变更通知并按工程师要求进行变更。因变更导致合同价款的增减及造成的承包方损失,由发包方承担,延误的工期相应顺延。

合同履行中发包方要求变更工程质量标准及发生其他实质性变更,由双方协商解决。

②承包商(施工合同中的乙方)要求对原工程进行变更,其控制程序如图5-2所示。具体规定如下:

A. 施工中乙方不得擅自对原工程设计进行变更。因乙方擅自变更设计发生的费用和由此导致甲方的直接损失,由乙方承担,延误的工期不予顺延。

B. 乙方在施工中提出的合理化建议涉及设计图纸或施工组织设计的更改及对原材

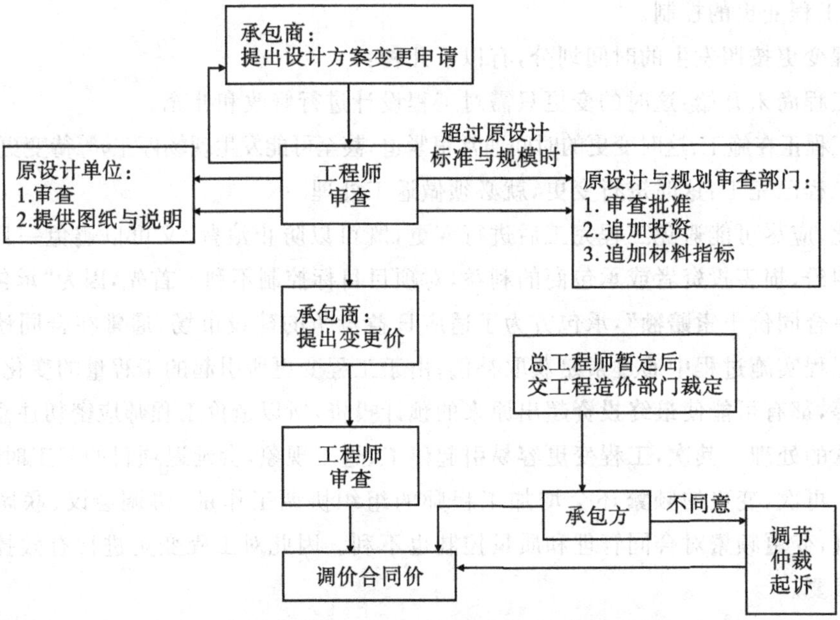

图 5-2　对承包方提出的工程变更的控制程序

料、设备的换用，须经工程师同意。未经同意擅自更改或换用时，乙方承担由此发生的费用，并赔偿甲方的有关损失，延误的工期不予顺延。

C. 工程师同意采用乙方的合理化建议，所发生的费用或获得的收益，甲乙双方另行约定分担或分享。

工程变更程序一般由合同规定，最好的变更程序是在变更执行前，双方就办理工程变更中涉及的费用增加和造成损失的补偿协议，以免因费用补偿的争议影响工程的进度。

(6)工程变更价款的计算方法。

工程变更价款的确定应在双方协商的时间内，由承包商提出变更价格，报工程师批准后方可调整合同价或顺延工期。造价工程师对承包方(乙方)所提出的变更价款，应按照有关规定进行审核、处理，主要有：

①乙方在工程变更确定后 14 天内，提出变更工程价款的报告，经工程师确认后调整合同价款。变更合同价款按下列方法进行：

A. 合同中已有适用于变更工程的价格，按合同已有的价格计算变更合同价款；

B. 合同中只有类似于变更工程的价格，可以参照类似价格变更合同价款；

C. 合同中没有适用或类似于变更工程的价格，由乙方提出适当的变更价格，经工程师确认后执行。

②乙方在双方确定变更后 14 天内不向工程师提出变更工程报告时，可视该项变更不涉及合同价款的变更。

③工程师收到变更工程价款报告之日起 14 天内，应予以确认。工程师无正当理由不确认时，自变更价款报告送达之日起 14 天后变更工程价款报告自行生效。

④工程师不同意乙方提出的变更价款，可以和解或者要求有关部门(如工程造价管理

部门）调解。和解或调解不成的，双方可以采用仲裁或向法院起诉的方式解决。

⑤工程师确认增加的工程变更价款作为追加合同价款，与工程款同期支付。

⑥因乙方自身原因导致的工程变更，乙方无权追加合同价款。

(7)工程变更申请。

在工程项目管理中，工程变更通常要经过一定的手续，如申请、审查、批准、通知等。申请表的格式和内容可根据具体工程需要设计。某工程项目的工程变更申请表见表5-2。

表 5-2 工程变更申请表

<table>
<tr><td colspan="2">申请人：</td><td colspan="2">申请表编号：</td><td>合同号：</td></tr>
<tr><td colspan="5">变更的分项工程内容及技术资料说明：
工程号：
施工段号： 图号：</td></tr>
<tr><td>变更依据</td><td colspan="2"></td><td>变更说明</td><td></td></tr>
<tr><td>变更所涉及的资料</td><td colspan="4"></td></tr>
<tr><td colspan="2">变更的影响：
技术要求：
对其他工程的影响：</td><td colspan="3">工程成本：
材料：
机械：
劳动力：</td></tr>
<tr><td colspan="5">计划变更实施日期</td></tr>
<tr><td colspan="5">变更申请人（签字）</td></tr>
<tr><td colspan="5">变更批准人（签字）</td></tr>
<tr><td colspan="5">备注</td></tr>
</table>

对国有资金投资项目，施工中发包人需对原工程设计进行变更，如设计变更涉及概算调增的，应报原概算批复部门批准，其中涉及新增财政性投资的项目应经同级财政部门同意，并明确新增投资的来源和金额。承包人按照发包人发出并经原设计单位同意的变更通知及有关要求进行变更施工。

(8)工程变更中应注意的问题。

①工程师的认可权应合理限制。

在国际承包工程中，业主常常通过工程师对材料的认可权，提高材料的质量标准；对设计的认可权，提高设计质量标准；对施工的认可权，提供施工质量标准。如果施工合同条文规定比较含糊，他就变为业主的修改指令，承包商应办理业主或工程师的书面确认，然后再提出费用的索赔。

②工程变更不能超过合同规定的工程范围。

工程变更不能超出合同规定的工程范围。如果超出了这个范围,承包商有权不执行变更或坚持先商定价格,后进行变更。

③变更程序的对策。

国际承包工程中,经常出现变更已成事实后,再进行价格谈判,这对承包商很不利。当遇到这种情况时刻采取以下对策:

A. 控制施工进度,等待变更谈判结果。这样不仅损失较小,而且谈判回旋余地较大。

B. 争取以计时工或按承包商的实际费用支出计算费用补偿,也可采用成本加酬金的方法计算,避免价格谈判中的争执。

C. 应有完整的变更实施的记录和照片,并由工程师签字,为索赔作准备。

④承包商不能擅自做主进行工程变更。

对任何工程问题,承包商不能自做主张进行工程变更。如果施工中发现图纸错误或其他问题需进行变更,应首先通知工程师,经同意或通过变更程序后再进行变更。否则,不仅得不到应有的补偿,还会带来不必要的麻烦。

⑤承包商在签订变更协议过程中必须提出补偿问题。

在商讨变更工程、签订变更协议过程中,承包商必须提出变更索赔问题。在变更执行前就应对补偿范围、补偿办法、索赔值的计算方法、补偿款的支付时间等问题双方达成一致的意见。

2. 合同价款的调整

由于建设工程的特殊性,常常在施工中变更设计,带来合同价款的调整,在市场经济条件下,物价的异常波动,会带来合同材料价款的调整;国家法律、法规或政策的变化,会带来规费、税金等的调整,影响工程造价随之调整。因此,在施工过程中,合同价款的调整是十分正常的现象。

(1)工程变更的价款调整。

变更合同价款的方法,合同专用条款中有约定的按约定计算。无约定的按《建设工程价款结算暂行办法》(财建[2004]369号,以下简称价款结算办法)的方法进行计算:

①合同中已有适用于变更工程的价格,按合同已有的价格计算变更合同价款;

②合同中只有类似于变更工程的价格,可以参照类似价格变更合同价款;

③合同中没有适用或类似于变更工程的价格,由承包商提出适当的变更价格,经造价工程师确认后执行。如双方不能达成一致的,双方可提请工程所在地工程造价管理机构进行咨询或按合同约定的争议或纠纷解决程序办理。

(2)综合单价的调整。

当工程量清单中工程量有误或工程变更引起实际完成的工程量增减超过工程量清单中相应工程量的10%或合同中约定的幅度时,工程量清单项目的综合单价应予调整。

(3)材料价格调整。

由承包人采购的材料,材料价格以承包人在投标报价书中的价格进行控制。

施工期内,当材料价格发生波动,合同有约定时超过合同约定的涨幅的,承包人采购材料前应报经发包人复核采购数量，确认用于本合同工程时，发包人应认价并签字同意，发包人在收到资料后，在合同约定日期到期后，不予答复的可视为认可，作为调整该种材料价格的依据。如果承包人未报经发包人审核即自行采购，再报发包人调整材料价格，如发包人不同意，不作调整。

(4)措施费用调整。

施工期内，措施费用按承包人在投标报价书中的措施费用进行控制，有下列情况之一者，措施费用应予调整：

①发包人更改承包人的施工组织设计(修正错误除外)，造成措施费用增加的应予调整。

②单价合同中，实际完成的工作量超过发包人所提工程量清单的工作量，造成措施费用增加的应予调整。

③因发包人原因并经承包人同意顺延工期，造成措施费用增加的应予调整。

④施工期间因国家法律、行政法规以及有关政策变化导致措施费中工程税金、规费等变化的，应予调整。

措施费用具体调整办法在合同中约定，合同中没有约定或约定不明的，由发包、承包双方协商，双方协商不能达成一致的，可以按工程造价管理部门发布的组价办法计算，也可按合同约定的争议解决办法处理。

5.2.3 工程索赔

1. 工程索赔的概念

工程索赔是指在合同履行过程中，对于并非自己的过错，而是应由对方承担责任的情况造成的实际损失向对方提出经济补偿和(或)时间补偿的要求。

索赔是工程承包中经常发生的经济现象。由于施工现场条件、气候条件的变化，施工进度、物价的变化，以及合同条款、规范、标准文件和施工图纸的变更、差异、延误等因素的影响，使得工程承包中不可避免地出现索赔。

对于施工合同的双方来说，索赔是维护自身合法利益的权利。它与合同条件中双方的合同责任一样，构成严密的合同制约关系。承包商可以向业主提出索赔，业主也可以向承包商提出索赔。本节主要结合合同和价款结算办法讨论承包商向业主的索赔。

索赔的性质属于经济补偿行为，而不是惩罚。称为“索补”可能更容易被人们所接受，工程实际中一般多称为“签证申请”。只有先提出了“索”才有可能“赔”，如果不提出“索”就不可能有“赔”。

2. 索赔的起因和条件

(1)索赔的起因。

索赔主要由以下几个方面引起：

①由现代承包工程的特点引起。现在承包工程的特点是工程量大、投资大、结构复杂、技术和质量要求高、工期长等，再加上工程环境因素、市场因素、社会因素等影响工期

和工程成本。

②合同内容的有限性。施工合同是在工程开始前签订的,不可能对所有问题作出预见和规定,对所有的工程问题做出准确的说明。另外,合同中难免有考虑不周的条款,有缺陷和不足之处,如措辞不当、说明不清、有歧义性等,都会导致合同内容的不完整性。上述原因会导致双方在实施合同中对责任、义务和权利的争议,而这些争执往往都与工期、成本、价格等经济利益相联系。

③业主要求。业主可能会在建筑造型、功能、质量、标准、实施方式等方面提出合同以外的要求。

④各承包商之间的相互影响。完成一个工程往往需若干个承包商共同工作。由于管理上的失误或技术上的原因,当一方失误不仅会造成自己的损失,而且还会殃及其他合作者,影响整个工程的实施。因此,在总体上应按合同条件,平等对待各方利益,坚持"谁过失,谁赔偿"的索赔原则。

⑤对合同理解的差异。由于合同条件十分复杂,内容又多,再加上双方看问题的立场和角度不同,会造成对合同权利和义务的范围界限划分的理解不一致,造成合同上的争执,引起索赔。

在国际承包工程中,合同双方来自不同的国度,使用不同的语言,适应不同的法律参照系,有不同的工程施工习惯。所以,双方对合同责任理解的差异也是引起索赔的主要原因之一。

上述这些情况,在工程承包合同实施过程中都有可能发生,所以,索赔也不可避免。

(2)索赔的条件。索赔是受损失者的权利,其根本目的在于保护其自身利益,挽回损失,避免亏本。要想取得索赔的成功,提出的索赔要求必须符合以下基本条件:

①客观性。客观性是指客观存在不符合合同或违反合同的干扰事件,并对承包商的工期和费用造成影响、这些干扰事件还要有确凿的证据说明。

②合法性。当施工过程产生的干扰由非承包商自身责任引起时,按照合同条款对方应给予补偿。索赔要求必须符合本工程施工合同的规定。按照合同法律文件,可以判定干扰事件的责任由谁承担、承担什么样的责任、应赔偿多少等。所以,不同的合同条件,索赔要求具有不同的合法性,因而会产生不同的结果。

③合理性。合理性是指索赔要求合情合理,符合实际情况,真实反映由于干扰事件引起的实际损失、采用合理的计算方法等。

承包商不能为了追求利润,滥用索赔,或者采用不正当手段搞索赔,否则会产生以下不良影响:

①合同双方关系紧张,互不信任,不利于合同的继续实施和双方的进一步合作。

②承包商信誉受损,不利于将来继续开展经营活动;若在国际工程承包中,则不利于在工程所在国继续扩展业务。任何业主在招标中都会对上述承包商存有戒心,敬而远之。

③在工程施工中滥用索赔,对方会提出反索赔的要求。如果索赔违反法律,还会受到相应的法律处罚。

综上所述,承包商应该正确地、辩证地对待索赔问题。

3. 索赔的基本程序及其规定

(1)索赔的基本程序。

在工程项目施工阶段,每出现一个索赔事件,都应按照国家有关规定、国际惯例和工程项目合同条件的规定,认真及时地协商解决。

(2)索赔时限的规定。

①业主未能按合同约定履行自己的各项义务或发生错误以及应由业主承担责任的其他情况,造成工期延误和(或)承包商不能及时得到合同价款及承包商的其他经济损失,承包商可按下列程序以书面形式向业主索赔:

A. 索赔事件发生后28天内,向业主方发出索赔意向通知。

B. 发出索赔意向通知后28天内,向业主提出补偿经济损失和(或)延长工期的赔偿报告及有关资料。

C. 业主方在收到承包商送交的索赔报告和有关资料后,于28日内给予答复,或要求承包商进一步补充索赔理由和证据。

D. 业主方在收到承包商送交的索赔报告和有关资料后28天内未予答复或未对承包商做进一步要求,视为该项索赔已经认可。

E. 当该索赔时间持续进行时,承包商应当阶段性地向业主方发出索赔意向,在索赔事件终了后28天内,向业主方递交索赔的有关资料和最终索赔报告。索赔答复程序与第三、第四规定相同。

②承包商未能按合同约定履行自己的各项义务或发生错误,给业主造成经济损失,业主也按以上的时限向承包商提出索赔。

双方如果在合同中对索赔的时限有约定的遵照其约定。

4. 工程索赔的处理原则与依据

(1)索赔证据。

任何索赔事件的确定,其前提条件是必须有正当的索赔理由。对正当索赔理由的说明必须具有证据,因为索赔的进行主要是靠证据说话。没有证据或证据不足,索赔是难以成功的。正如建设工程施工合同文本中所规定的,当合同一方向另一方提出索赔时,要有正当索赔理由,且有索赔事件发生时的有效证据。

①对索赔证据的要求。

A. 真实性。索赔证据必须是在实施合同过程中确定存在和发生的,必须完全反映实际情况,能经得住推敲。

B. 全面性。所提供的证据应能说明事件的全过程。索赔报告中涉及的索赔理由、事件过程、影响、索赔值等都应有相应证据,不能零乱和支离破碎。

C. 关联性。索赔的证据应当能够互相说明,互相具有关联性,不能互相矛盾。

D. 及时性。索赔证据的取得及提出应当及时。

E. 具有法律证明效力。一般要求证据必须是书面文件,有关记录、协议、纪要必须是双方签署的;工程中重大事件、特殊情况的记录、统计必须由工程师签证认可。

②索赔证据的种类。具体包括:招标文件、工程合同及附件、业主认可的施工组织设计、工程图纸、技术规范等;工程各项有关的设计交底记录、变更图纸、变更施工指令等;工程各项经业主或工程师签认的签证;工程各项往来信件、指令、信函、通知、答复等;工程各项会议纪要;施工计划及现场实施情况记录;施工日报及工长工作日志、备忘录;工程送电、送水、道路开通、封闭的日期及数量记录;工程停电、停水和干扰事件影响的日期及恢复施工的日期;工程预付款、进度款拨付的数额及日期记录;工程图纸、图纸变更、交底记录的送达份数及日期记录;工程有关施工部位的照片及录像等;工程现场气候记录,有关天气的温度、风力、雨雪等;工程验收报告及各项技术鉴定报告等;工程材料采购、订货、运输、进场、验收、使用等方面的凭据;工程会计核算材料;国家和省、市有关影响工程造价、工期的文件、规定等。

(2)索赔文件。

索赔文件是承包商向业主索赔的正式书面材料,也是业主审议承包商索赔请求的主要依据。索赔文件通常包括三个部分。

①索赔信。索赔信是一封承包商致业主或其代表的简短的信函,应包括以下内容:说明索赔事件;列举索赔理由;提出索赔金额与工期;附件说明;整个索赔信是提纲挈领的材料,它把其他材料贯通起来。

②索赔报告。索赔报告是索赔材料的正文,其结构一般包含三个主要部分。首先是报告的标题,应言简意赅地概括索赔的核心内容;其次是事实与理由,这部分应该叙述客观事实,合理引用合同规定,建立事实与损失之间的因果关系,说明索赔的合理合法性;再次是损失计算与要求赔偿金额及工期,这部分应列举各项明细数字及汇总数据。

需要特别注意的是,索赔报告的表述方式对索赔的解决有重大影响。一般要注意:

第一,索赔事件要真实、证据确凿,令对方无可推卸和辩驳。对事件叙述要清楚明确,避免使用“可能”“也许”等估计猜测性语言,造成索赔说服力不强。

第二,计算索赔值要合理、准确。要将计算的依据、方法、结果详细说明列出,这样易于对方接受,减少争议和纠纷。

第三,责任分析要清楚。一般索赔所针对的事件都是由于非承包商责任而引起的,因此,在索赔报告中必须明确对方负全部责任,而不可用含糊的语言,这样会丧失自己再索赔中的有利地位,使索赔失败。

第四,要强调事件的不可预见性和突发性,说明承包商对它不可能有准备,也无法预防,并且承包商为了避免和减轻该事件影响和损失已尽了最大的努力,采取了能够采取的措施,从而使索赔理由更加充分,更易于对方接受。

第五,明确阐述由于干扰事件的影响,使承包商的工程施工受到严重干扰,并为此增加了支出,拖延了工期,表明干扰事件与索赔有直接的因果关系。

第六,索赔报告书写用语应尽量婉转,避免使用强硬、不客气的语言,否则会给索赔带来不利的影响。

③附件。

A. 索赔报告中所列举事实、理由、影响等的证明文件和证据。

B. 详细计算书，这是为了证实索赔金额的真实性而设置的，为了简明可以大量选用图表。

(3)承包商的索赔。

①承包商索赔的主要内容。

第一，业主未能按合同规定的内容和时间完成应该做的工作。当业主未能按合同专用条款第 8.1 款约定的内容和时间完成应该做的工作，导致工期延误或给承包商造成损失的，承包商可以进行工期索赔或损失费用索赔。工期确认时间根据合同通用条款第 13.2 款约定为 14 天。

第二，业主方指令错误。因业主方指令错误发生的追加合同价款和给承包商造成的损失、延误的工期，承包商可以根据合同通用条款的约定进行损失费用和工期索赔。

第三，业主方未能及时向承包商提供所需指令、批准。因业主方未能按合同约定，及时向承包商提供所需指令、批准及履行约定的其他义务时，承包商可以根据合同通用条款第 6.3 款的约定进行费用、损失费用和工期赔偿。工期确定时间根据合同通用条款第 13.2 款约定为 14 天。

第四，业主方未能按合同规定时间提供图纸、因业主未能按合同专用条款第 4.1 款约定提供图纸，承包商可以根据合同通用条款第 13.1 款的约定进行索赔。发生费用损失的，还可以进行费用索赔。工期确认时间根据合同通用条款第 13.2 款约定为 14 天。

第五，延期开工。承包商可以根据合同通用条款第 11.1 款的约定向监业主提出延期开工的申请，申请被批准则承包商可以进行工期索赔。业主的确认时间为 48 小时。业主根据合同通用条款第 11.2 款的约定要求延期开工，承包商可以提出因延期开工造成的损失和工期索赔。

第六，地址条件发生变化。当开挖过程中遇到文物或地下障碍物时，承包商可以根据合同通用条款第 43 条的约定进行费用、损失费用和工期索赔。

当业主没有完全履行告知义务，开挖过程中遇到的地质条件显著异常与招标文件描述不同时，承包商可以根据合同通用条款第 36.2 款的约定进行费用、损失费用和工期索赔。

当开挖后低级需要处理时，承包商应该按照设计单位出具的设计变更单进行地基处理。承包商按照设计变更单的索赔程序进行费用、损失费用和工期的索赔。

第七，暂停施工。因业主原因造成暂停施工时，承包商可以根据合同通用条款第 12 条的约定进行费用、损失费用和工期索赔。

第八，因非承包商原因一周内停水、停电、停气造成停工累计超过 8 小时。承包商可以根据合同通用条款第 13.1 款约定要求进行工期索赔。工期确认时间根据合同通用条款第 13.2 款约定为 14 天。能否进行费用索赔视具体的合同约定而定。

第九，不可抗力。发生合同通用条款第 39.1 款及专用条款第 39.1 款约定的不可抗力，承包商可以根据合同通用条款第 39.3 款的约定进行费用、损失费用和工期索赔。工期确认时间根据合同通用条款第 13.2 款约定为 14 天。

因业主一方迟延履行合同后发生不可抗力的，不能免除其迟延履行的响应责任。

第十，检查检验。监理(业主)对工程质量的检查检验不应该影响施工正常进行。如果影响施工正常进行，承包商可以根据合同通用条款第 16.3 款的约定进行费用、损失费用和工期索赔。

第十一，重新检验。当重新检验时检验合格，承包商可以根据合同通用条款第 18 条的约定进行费用、损失费用和工期索赔。

第十二，工程变更和工程量增加。因工程变更引起的工程费用增加，按前述工程变更的合同价款调整程序处理。造成实际的工期延误和因工程量增加造成的工期延长，承包商可以根据合同通用条款第 13.1 款的约定要求进行工期索赔。工期确认时间根据合同通用条款第 13.2 款约定为 14 天。

第十三，工程预付款和进度款支付。工程预付款和进度款没有按照合同约定的时间支付，属于业主违约。承包商可以按照合同通用条款第 24 条、第 26 条及专用条款第 24 条、第 26 条的约定处理，并按专用条款第 35.1 款的约定承担违约责任。

第十四，业主供应的材料设备。业主供应的材料设备，承包商按照合同通用条款第 27 条及专用条款第 27 条的约定处理。

第十五，其他。合同中约定的其他顺延工期和业主违约责任，承包商视具体合同页顶处理。

②索赔款的主要组成成分。索赔时可索赔费用的组成部分，同施工承包合同价所包含的组成部分一样，包括直接费、间接费和利润。具体内容如图 5-3 所示。

- 可索赔费用
  - 直接费
    - 人工费
    - 材料费
    - 施工机械费
    - 措施费
  - 间接费
    - 企业管理费
    - 规费
  - 税金
    - 营业税
    - 城市维护建设费
    - 教育附加费
  - 利润

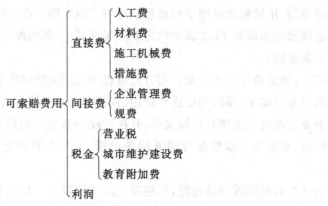

图 5-3 可索赔费用的组成部分

原则上说，凡是承包商有索赔权的工程成本增加，都是可以索赔的费用。这些费用都是承包商为了完成额外的施工任务而增加的开支。但是，对于不同原因引起的索赔，可索赔费用的具体内容有所不同。同一种新增的成本开支，在不同原因、不同性质的索赔中，有的可以肯定地列入索赔款额中，有的则不能列入，还有的在能否列入的问题上需要具体分析判断。

在具体分析费用的可索赔性时，应对各项费用的特点和条件进行审核论证。

A. 人工费。人工费是指直接从事索赔事项建筑安装工程施工的生产工人开支的各项费用。主要包括：基本工资、工资性补贴、生产工人辅助工资、职工福利费、生产工人劳动保护费。

B. 材料费。材料费是指施工过程中耗费的构成工程实体的原材料、辅助材料、构配件、零件、半成品的费用。主要包括：材料原件、材料运杂费、运输损耗费、采购保管费、检验试验费。对于工程量清单计价来说，还包括操作及安装耗损费。为了证明材料原价，承包商应提供可靠的订货单、采购单，或造价管理机构公布的材料信息价格。

C. 施工机械费。施工机械费的索赔计价比较繁杂，应根据具体情况协商确定。

a. 使用承包商自有的设备时，要求提供详细的设备运行时间和台数、燃料消耗记录、随即工作人员工作记录，等等。这些证据往往难以齐全准确，因而有时双方争执不下。因此，在索赔计价时往往按照有关预算定额中的台班单价计价。

b. 使用租赁的设备时，只要租赁价格合理，又有可信的租赁收费单据时，就可以按租赁价格计算索赔款。

c. 索赔项目需要新增加机械设备时，双方事前协商解决。

D. 措施费。索赔项目造成的措施费用的增加，可以据实计算。

E. 企业管理费。企业组织施工生产和经营管理的费用，如人员工资、办公、差旅交通、保险等多项费用。企业管理费按照有关规定计算。

F. 利润。利润按照投标文件的计算方法计取。

G. 规费及税金。规费及税金按照投标文件的计算方法计取。

可索赔的费用，除了前述的人工费、材料费、设备费、分包费、管理费、利息、利润等几个方面以外，有时，承包商还会要求赔偿额外担保费用，尤其是当这项担保费的款额相当大时。对于大型工程，履行担保的额度款都很可观，由于延长履约担保所付的款额甚大，承包商有时会提出这一索赔要求，是符合合同规定的。如果履约担保的额度较小，或经过履约过程中对履约担保款额的逐步扣减，此项费用已无足轻重的，承包商亦会自动取消额外担保费的索赔，只提出主要的索赔款项，以利整个索赔工作的顺利解决。

在工程索赔的实践中，一下几项费用一般不允许索赔：

a. 承包商对索赔事项的发生原因负有责任的有关费用。

b. 承包商对索赔事项未采取减轻措施因而扩大的损失费用。

c. 承包商进行索赔工作的准备费用。

d. 索赔款在索赔处理期间的利息。

e. 工程有关的保险费用，索赔事项涉及的一些保险费用，如工程一切险、工人事故险、第三方保险费用等，均在计算索赔款时不予考虑，除非在合同条款中另有规定。

③工期索赔的计算。

比例法：在工程实施中，因业主原因影响的工期，通常可直接作为工期的延长天数。但是，当提供的条件能满足部分施工时，应按比例法俩计算工期索赔值。

相对单位法：工程的变更必然会引起劳动量的变化，这时我们可以用劳动量相对单位法来计算工期索赔天数。

网络分析法：网络分析法是通过分析干扰事件发生前后的网络计划，对比两种工期的计算结果，从而计算出索赔工期。

平均值计算法:平均值计算法是通过计算业主对各个分项工程的影响程度,然后得出应该索赔工期的平均值。

其他方法:在实际工程中,工期补偿天数的确定方法可以是多样的。例如,在干扰事件发生前由双方商讨,在变更协议或其他附加协议中直接确定补偿天数。

④费用索赔的计算。

费用索赔是整个工程合同索赔的重要环节。费用索赔的计算方法,一般有以下几种:

A. 总费用法。总费用法是一种较简单的计算方法。其基本思路是,按现行计价规定估计算索赔值,另外也可按固定总价合同转化为成本加酬金合同,即以承包商的额外成本为基础加上管理费和利润、税金等作为索赔值。

使用总费用法计算索赔值应符合以下几个条件:

a. 合同实施过程中的总费用计算式是准确的;工程成本计算符合现行计价规定;成本分摊方法、分摊基础选择合理;实际成本与索赔报价成本所包括的内容应一致。

b. 承包商的索赔报价是合理的,反映实际情况。

c. 费用损失的责任,或干扰事件的责任与承包商无任何关系。

B. 分项法。分项法是按每个或每类干扰事件引起费用项目损失分别计算索赔值的方法。其特点是:比总费用法复杂;能反映实际情况,比较科学、合理;能为索赔报告的进一步分析、评价、审核明确双方责任提供证据;应用面广,容易被人们接受。

C. 因素分析法。因素分析法也称连环替代法是为了保证分析结果的可比性,将各指标按客观存在的经济关系,分解为若干因素指标连乘形式。

(4)业主的反索赔。

反索赔的目的是维护业主方面的经济利益。为了实现这一目的,需要进行两方面的工作。首先,要对承包商的索赔报告进行评论和反驳,否定其索赔要求,或者削减索赔款额。其次,对承包商的违约,提出经济赔偿要求。

①对承包商履约中的违约责任进行索赔。这主要是针对承包商在工期、质量、材料应用、施工管理等方面对违反合同条款的有关内容进行索赔。

②对承包商所提出的索赔要求进行评审、反驳与修正。一方面是对无理的索赔要求进行有理的驳斥与拒绝;另一方面在肯定承包商具有索赔权前提下,业主和工程师要对承包商提出的索赔报告进行详细审核,对索赔款的各个部分逐项审核、查对单据和证明文件,确定哪些不能列入索赔款项额,哪些款额偏高,哪些在计算上有错误和重复。通过检查,削减承包商提出的索赔款额,使其更加准确。

5.2.4 结算与决算管理

1. 建筑安装工程价款结算

(1)工程价款结算的意义。

工程价款结算,是指承包商在工程施工过程中,依据承包合同中关于付款的规定和已经完成的工程量,以预付备料款和工程进度款的形式,按照规定的程序向业主收取工程价款的一项经济活动。

工程价款结算是工程项目承包中一项十分重要的工作，主要作用表现为：

①工程价款结算是反映工程进度的主要指标。在施工过程中，工程价款结算的依据之一就是已完成的工程量。承包商完成的工程量越多，所应结算的工程价款就越多，根据累计已结算的工程价款占合同总价款的比例，能够近似地反映出工程的进度情况，有利于准确掌握工程进度。

②工程价款结算是加速资金周转的重要环节。对于承包商来说，只有当工程价款结算完毕，才意味着其获得了工程成本和相应的利润，实现了既定的经济效益目标。

(2)工程预付款结算。

①预付款的数额和拨付时间。预付款的数额和拨付时间，以合同专用条款第24条中的约定为准。

《建设工程价款结算暂行办法》第十二条第(一)款规定：包工包料工程的预付款按合同约定拨付，原则上预付比例不低于合同金额的10%，不高于合同金额的30%，对重大工程项目按年度工程计划逐年预付。实行工程量清单计价的，实体性消耗和非实体性消耗部分应在合同中分别约定预付款比例。

价款结算办法第十二条第(二)款规定：在具备施工条件的前提下，业主应在双方签订合同后的一个月内或不迟于约定的开工日期前的7天内预付工程款。

所以，在签订合同时业主与承包商可根据工程实际和价款结算办法的这一原则，确定具体的数额和拨付时间。

②预付款的拨付及违约责任。业主应该在合同约定的时间拨付约定金额的预付款。否则，按价款结算办法的规定处理。

价款结算办法第十二条第(二)款规定：业主不按约定预付，承包商应在预付时间到期后10天内向业主发出要求预付的通知，业主收到通知后仍不按要求预付，承包商可在发出通知14天后停止施工，业主应从约定应付之日起向承包商支付应付款的利息(利率按同期银行贷款利率计)，并承担违约责任。

注意：合同通用条款第24条中预付款的拨付及违约责任，与上述价款结算办法的规定有出入。根据价款结算办法第二十八条的规定，应该以价款结算办法为准。

③预付款的扣回。双方应该在合同专用条款第24条中约定预付款的扣回时间、比例。

价款结算办法第十二条第(三)款规定：预付的工程款必须在合同中约定抵扣方式，并在工程进度款中进行抵扣。

④其他。价款结算办法第十二条第(四)款规定：凡是没有签订合同或不具备施工条件的工程，业主不得预付工程款，不得以预付款为名转移资金。

(3)工程进度款结算与支付。

①工程进度款结算方式。合同双方应该在合同专用条款第26条中选定下列两种结算方式中的一种，作为进度款的结算方式。

A. 按月结算与支付。即实行按月支付进度款，竣工后清算的办法。合同工期在两个年度以上的工程，在年终进行工程盘点，办理年度结算。

B. 分段结算与支付。即当年开工、当年不能竣工的工程按照工程实际进度，划分不同阶段支付工程进度款。具体划分情况在合同中明确。

②工程量计算。

A. 承包商应当按照合同约定的方法和时间，向业主提交已完工程量的报告。业主接到报告后14天内核实已完工程量，并在核实前1天通知承包商，承包商应提供条件并派人参加核实，承包商收到通知后不参加核实，以业主核实的工程量作为工程价款支付的依据。业主不按约定时间通知承包商，致使承包商未能参加核实，核实结果无效。

B. 业主收到承包商报告后14天内未核实已完工程量，从第15天起，承包商报告中的工程量即视为被确认，作为工程价款支付的依据。双方合同另有约定的，按合同执行。

C. 对承包商超出设计图纸(含设计变更)范围和因承包商原因造成返工的工程量，业主不予计量。

注意：合同通用条款第25条的内容与上述价款结算办法的规定有出入。根据价款结算办法第二十八条的规定，应该以价款结算办法的规定为准。

③工程进度款支付。工程量核实以后，业主应该按照合同专用条款中约定的拨付比例或数额向承包商支付工程进度款。

价款结算办法规定：

A. 根据确定的工程量计量结果，承包商业主提出支付工程进度款申请，14天内，业主应按不低于工程价款的60%，不高于工程价款的90%向承包商支付工程进度款。按约定时间业主应扣回的预付款，与工程进度款同期结算抵扣。

B. 确认增(减)的工程变更价款作为追加(减)合同价款与工程进度款同期支付。

C. 业主超过约定的支付时间不支付工程进度款，承包商应及时向业主发出要求付款的通知，业主收到承包商通知后仍不能按要求付款，可与承包商协商签订延期付款协议，经承包商同意后可延期支付，协议应明确延期支付的时间和从工程量计量结果确认后第15天起计算应付款的利息(利率按同期银行贷款利率计)。

D. 业主不按合同约定支付工程进度款，双方又未达成延期付款协议，导致施工无法进行，承包商可停止施工，由业主承担违约责任。

注意：合同通用条款第26条的内容与上述价款结算办法的规定有出入。根据价款结算办法第二十八条的规定，应该以价款结算办法的规定为准。

(4)竣工结算。

工程完工后，双方应该按照约定的合同价款即合同价款调整内容以及索赔事项，进行工程竣工结算。竣工结算应该按照合同有关条款和价款结算办法的有关规定进行，合同通用条款中有关条款的内容与价款结算办法的有关规定有出入时，以价款结算办法的规定为准。

①竣工结算的方式。竣工结算的方式有单位工程竣工结算、单项工程竣工结算和建设项目竣工总结算三种。

②竣工结算编审。

A. 单位工程竣工结算由承包商编制，业主审查；实行总承包的工程，由具体的承包商编制，在总承包商审查的基础上，由业主审查。业主也可委托具有相应资质的工程造价咨询企业审查。

B. 单项工程竣工结算或建设项目竣工总结算由总承包商编制，业主可直接进行审查，也可以委托具有相应资质的工程造价咨询机构进行审查。单项工程竣工结算或建设项目竣工总结算经业主、承包商签字盖章后有效。

③竣工结算报告的递交时限要求及违约责任。竣工结算报告的递交时限，合同专用条款中有约定的从其约定，无约定的按《建设工程价款结算暂行办法》的规定。

价款结算办法第十四条第(三)款规定：单项工程竣工后，承包商应在提交竣工验收报告的同时，向业主递交竣工结算报告及完整的结算资料。

承包商应该在合同约定期限内完成项目竣工结算编制工作，未在规定期限内完成的并且提不出正当理由延期的，责任自负。

如果未能在约定的时间内提供完整的工程竣工结算资料，经业主催促后 14 天内仍未提供或没有明确答复，业主有权根据已有资料进行审查，责任由承包商自负。

④竣工结算报告的审查时限要求及违约责任。竣工结算报告的审查时限，合同专用条款有约定的从其约定，无约定的按下列价款结算办法的规定执行：单项工程竣工结算报告的审查时限见表 5-3。建设项目竣工总结算在最后一个单项工程竣工结算确认后 15 天内汇总，送业主后 30 天内审查完成。

表 5-3　竣工结算报告审查时限

序号	工程竣工结算报告金额	审查时限
1	500 万以下	从接到竣工结算报告和完整的竣工结算资料之日起 20 天
2	500 万～2000 万	从接到竣工结算报告和完整的竣工结算资料之日起 30 天
3	2000 万～5000 万	从接到竣工结算报告和完整的竣工结算资料之日起 45 天
4	5000 万以上	从接到竣工结算报告和完整的竣工结算资料之日起 60 天

业主应该按照规定时限进行竣工结算报告的审查，给予确认或者提出修改意见。如果没有在规定时限内对结算报告及资料提出意见，则视同认可。

⑤竣工结算价款的支付及违约责任。根据确认的竣工结算报告，承包商向业主申请支付工程竣工结算款。业主应在收到申请后 15 天内支付结算款，到期没有支付的应承担违约责任。承包商可以催告业主支付结算款，如达成延期支付协议，业主应按照同期银行贷款利率支付拖欠工程价款的利息。

如未达成延期支付协议，承包商可以与业主协商将该工程折价，或申请人民法院将该工程依法拍卖，承包商就该工程折价或拍卖的价款优先受偿。

⑥竣工结算编制的依据。具体包括：

工程合同的有关条款；全套竣工图纸及相关资料；设计变更通知单；承包商提出，由业主和设计单位会签的施工技术问题核定单；工程现场签证单；材料代用核定单；材料价格变更文件;合同双方确认的工程量;经双方协商同意并办理了签证的索赔;投标文件、招标文件及其他依据。

⑦竣工结算的编制。在工程进度款结算的基础上,根据所收集的各种设计变更资料和修改图纸,以及现场签证、工程量核定单、索赔等资料进行合同价款的增、减调整计算,最后汇总为竣工结算造价。

⑧工程竣工结算的审核。工程竣工结算审核是竣工结算阶段的一项重要工作。经审核确定的工程竣工结算是核定建设工程造价的依据,也是建设项目验收后编制竣工决算和核定新增固定资产价值的依据。因此,业主、造价咨询公司都应十分关注竣工结算的审核把关。一般从以下几方面入手:

A. 核对合同条款。首先,竣工工程内容是否符合合同条件要求,工程是否竣工验收合格,只有按合同要求完成全部工程并验收合格才能列入竣工结算。其次,应按合同约定的结算方法,对工程竣工结算进行审核,若发现合同有漏洞,应请业主与承包商认真研究,明确结算要求。

B. 落实设计变更签证。设计修改变更应由原设计单位出具设计变更通知单和修改图纸,设计、校审人员签字并加盖公章,经业主和监理工程师审查同意、签证才能列入结算。

C. 按图核实工程数量、竣工结算的工程量应依据设计变更单和现场签证等进行核算,并按国家统一规定的计算规则计算工程量。

D. 严格按合同约定计价。结算单价应按合同约定、招标文件规定的计价原则或投标报价执行。

E. 注意各项费用计取。工程的取费标准应按合同要求或项目建设期间有关费用计取规定执行,先审核各项费率、价格指数或换算系数是否正确,价格调整计算是否符合要求,再核实特殊费用和计算程序。要注意各项费用的计取基础,是以人工费为基础还是定额基价为基础。

F. 防止各种计算误差。工程竣工结算子目多,篇幅大,往往有计算误差,应认真核算,防止因计算误差多计或少算。

(5)工程质量保证(保修)金的预留。

通常,按照有关合同约定保留质量保证(保修)金,待工程项目保修期满后拨付。

2. **设备工器具和材料价款的支付与结算**

(1)国内设备、工器具和材料价款的支付与结算。

①国内设备、工器具价款的支付与结算。

业主对订购的设备、工器具,一般不预付定金,只对制造期在半年以上的专用设备和船舶的价款,按合同分期付款。业主收到设备工器具后,要按合同规定及时结算付款,不应无故拖欠。如因资金不足而延期付款,要支付一定的赔偿金。

②国内材料价款的支付与结算。

建安工程承发包双方的材料往来,可以按以下方式结算:

A. 由承包商自行采购建筑材料的,业主可以在双方签订工程承包合同后按年度工作量的一定比例向承包商预付备料款，并应在合同约定时间内付清备料款的预付额度，建筑工程一般不应超过当年建筑(包括水、电、暖等)工作量的 30%，大量采用预制构件以及工期在 6 个月以内的工程，可以适当增加；安装工程一般不应超过当年安装工程量的 10%，安装材料用量较大的工程，可以适当增加。

B. 按工程承包合同约定，由业主供应的材料，视招标文件的规定处理。如果招标文件规定业主供应的材料不计入投标报价内，则这一部分材料只办理交接手续。如果招标文件规定按照某一价格计入投标报价内，则应该在进度款中或合同约定的办法扣除其这一部分材料的价款。

(2)进口设备、工器具和材料价款的支付与结算。

进口设备分为标准机械设备和专制设备两类。标准机械设备系指通用性广泛、供应商(厂)有现货，可以立即提交的货物。专制设备是指根据业主提交的定制设备图纸专门为该业主制造的设备。

①标准机械设备的结算。

标准机械设备的结算，大多数使用国际贸易广泛使用的不可撤销的信用证。这种信用证在合同生效之后一定日期由买方委托银行开出，经买方认可的卖方所在地银行为议付银行。以卖方为收款人的不可撤销的信用证，其金额与合同总额相等。

A. 标准机械设备首次合同付款。当采购货物已装船，卖方提交有关文件的单证后，即可支付合同总价的 90%。

B. 最终合同付款。机械设备在保证期截止时，卖方提交有关单证后支付合同总价的尾款，一般为合同总价的 10%。

C. 支付货币与时间。

a. 合同付款货币：买方以卖方在投标书标价中说明的一种或几种货币，和卖方在投标书中说明在执行合同中所需的一种或几种货币比例进行支付。

b. 付款时间：每次付款在卖方所提供的单证符合规定之后，买方须在卖方提出日期的一定期限内(一般为 45 天内)，将相应的货款付给卖方。

②专制机械设备的结算。专制机械设备的结算一般分为三个阶段，即预付款、阶段付款和最终付款。

A. 预付款。一般专制机械设备的采购，在合同签订后开始制造前，由买方向卖方提供合同总价的 10%～20%的预付款。预付款一般在提出下列文件和单证后进行支付：由卖方委托银行出具以买方为受益人的不可撤销的保函，担保金额与预付款货币金额相等；相当于合同总价形式的发票；商业发票；由卖方委托的银行向买方的指定银行开具由买方承兑的即期汇票。

B. 阶段付款。按照合同条款，当机械制造开始加工到一定阶段时，可按设备合同价一定的百分比进行付款。阶段的划分是当机械设备加工制造到关键部位时进行一次付款，到货物装船买方收货验收后再付一次款。每次付款都应在合同条款中作较详细的规定。阶段付款的一般条件如下：当制造工序达到合同规定的阶段时，制造厂应以电传或信件通知业主；开具经双方确认完成工作量的证明书；提交以买方为受益人的所完成部分保险发票;提交商业发票副本。

机械设备装运付款,包括成批订货分批装运的付款,应由卖方提供下列文件和单证:有关运输部门的收据;交运合同货物相应金额的商业发票副本;详细的装箱单副本;由制造厂(商)出具的质量和数量证书副本;原产国证书副本;货物到达买方验收合格后,当事双方签发的合同货物验收合格证书副本。

C. 最终付款。最终付款指在保证期结束时的付款,付款时应提交:商业发票副本。全部设备完好无损,所有待修缺陷及待办的问题,均已按技术规范说明圆满解决后的合格证副本。

③利用出口信贷方式支付进口设备、工器具和材料价款。对进口设备、工器具和材料价款的支付,我国还经常利用出口信贷的形式。出口信贷根据借款的对象分为卖方信贷和买方信贷。

A. 卖方信贷是卖方将产品赊销给买方,规定买方在一定时期内延期或分期付款。卖方通过向本国银行申请出口信贷,来填补占用的资金。

采用卖方信贷进行设备材料结算时,一般是在签订合同后先预付10%作为定金,最后一批货物装船后再付10%,在货物运抵目的地,验收后付5%,待质量保证期届满时再付5%,剩余的70%货款应在全部交货后规定的若干年内一次或分期付清。

B. 买方信贷有两种形式:一种是由产品出口国银行把出口信贷直接贷给买方,买卖双方以即期现汇成交。另一种形式,是由出口国银行把出口信贷贷给进口国银行,再由进口国银行转贷给买方,买方用现汇支付借款,进口国银行分期向出口国银行偿还借款本息。

5.2.5 工程造价争议的解决

1. 争议的产生

施工过程中,业主和承包商在履行施工合同时往往难以避免发生合同争议。如果不善于及时处理这些争议,任其积累和扩大,将会破坏一个工程项目合同双方的协作关系,严重影响项目的实施,甚至导致中途停工。因此,每个工程项目的合同双方,应该重视合同争议问题,及时而合理地解决任何的争议,善于排除影响项目实施的一个个障碍。

合同争议的焦点,是双方的经济利益问题。在合同实施过程中,尤其是施工遇到特殊困难或工程成本大量超支时,合同双方为了澄清合同责任,保护自己的利益,经常会发生一些纠纷,例如:

(1)对工程项目合同条件的理解和解释不同。

当施工中出现“不利的自然条件”,遇到了特殊风险等重大困难,或者工程变更过多而严重影响工期和工程总造价时,合同双方往往引证合同条件,对合同条款的论述和规定做有利于自己的解释,因而形成了合同争议。

(2)在确定新单价时论点不同。

当施工过程中出现工程变更或新增工程时,往往会提出确定新单价的问题。由于单价的变化对合同双方的经济利益影响甚大,因此常发生争议。虽然,按一般规定,当合同双方在确定新单价不能协商一致时，由工程师确定单价。但该单价是否真正合理，承包商往往有不同的意见。

(3)业主拖期支付工程款或不按合同约定支付工程款引起争议。

在施工过程中，有的业主不按合同规定的时限或规定向承包商支付工程进度款，给承包商的资金周转造成很大困难，有时为此不得不投入新的资金或增加贷款，因此经常引起争议。

(4)在处理索赔问题时发生争议。

在工程施工过程中，当承包商提出索赔要求，业主不予承认，或者业主同意支付的额外付款与承包商索赔的金额差距较大，或双方对工期拖延责任持尖锐的分歧意见，双方不能达成一致意见时，需要合同双方采取一种或多种公正合理的方式加以解决。

在工程承包合同中，合同双方应当明确规定争议的解决方式，但不限于选择一种方式，也可以选择两种甚至两种以上方式。合同应当明确选择解决争议方式的顺序，并规定何种解决争议方式具有最终效力。例如，合同中可规定，如果双方出现争议，应当通过友好协商，力争谈判解决争议，如果谈判未能达成一致意见，可以提请工程造价管理部门调解，如和解不成，则可提交仲裁或提起诉讼。

2. **造价争议解决的途径**

根据工程施工过程中业主、监理工程师和承包商处理工程造价纠纷的实践，造价纠纷的解决的解决途径有以下几种：

(1)友好协商解决。

所谓友好协商解决，是指一切造价纠纷通过业主、监理工程师和承包商的共同努力得到解决，即由合同双方根据工程项目的合同文件规定及有关的法律条例，通过友好协商达成一致的解决办法。由于这是一种非对抗性的处理方法，可以避免破坏承包商和业主之间的商业关系，应力求先通过友好协商加以解决。实践证明，绝大多数争议是可以通过这种办法将解决的。

(2)调解解决。

当造价纠纷不可能通过合同双方友好协商解决时，下一步途径使寻找中间人(或组织如工程造价协会或相关行业组织建立的工程合同纠纷调解委员会)或权威管理部门(如造价管理部门)，争取通过中间调解的办法解决争议。

调解也是非对抗性的处理方法，在一些关键时刻，通过独立和客观的第三方来达成协议，同样可以保持承包商同业主之间的良好商业关系。其优点是可以避免争议的双方走向法院或仲裁机关，使争端较快得到解决，又可节约费用，也使争议双方的对立不进一步激化，最终有利于工程项目的建设。

业主和承包商在建设工程施工合同签订时，可以在合同专用条款第 37.1 款中约定调解人或调解机构；或者当发生争议且无法协商解决时，寻找一个双方都认可的调解人或调解机构来进行调解。

调解方式已在世界各国解决工程合同争议中广泛采用。

(3)仲裁或诉讼解决。

当通过友好协商和调解的方式都无法解决争议时,双方均可以按照合同规定,要求通过仲裁或诉讼的方式解决争议。仲裁和诉讼在合同中只能选定一种。

①通过仲裁的方式解决争议。

仲裁解决争议,依据的是《中华人民共和国仲裁法》。采用仲裁方式解决争议,应当双方自愿,达成仲裁协议。没有仲裁协议,一方申请仲裁的,仲裁委员会不予受理。双方达成仲裁协议,一方向任命法院起诉的,人民法院不予受理,但仲裁协议无效的除外。仲裁委员会应当由双方协议选定。仲裁不实行级别管辖和地域管辖。

当合同专用条款中明确约定了通过仲裁的方式解决争议,并且约定了解决争议的仲裁委员会,则在争议发生后双方只能通过仲裁的方式解决争议,任何一方均可以向合同中的约定的仲裁委员会申请仲裁。或者,虽然双方在合同专用条款中约定通过向有管辖权的人民法院提起诉讼的方式解决争议,但争议发生后双方达成仲裁协议一致同意通过仲裁的方式解决争议时,也只能通过仲裁的方式解决争议,任何一方均可以向协议中约定的仲裁委员会申请仲裁。

仲裁协议独立存在,合同的变更、解除、终止或者无效,不影响仲裁协议的效力。仲裁协议应具有的内容:请求仲裁的意思表示;仲裁事项;选定的仲裁委员会。

仲裁实行一裁终局的制度。裁决作出后,当事人就同一纠纷再申请仲裁或者向人民法院起诉的,仲裁委员会或者人民法院不予受理。

裁决被人民法院依法裁定撤销或者不予执行的,当事人就该纠纷可以根据双方重新达成的仲裁协议申请仲裁,也可以向人民法院起诉。

当事人应当履行裁决,一方当事人不履行的,另一方当事人可以依照民事诉讼法的有关规定向人民法院申请执行。受申请的人民法院应当执行。

②向有管辖权的人民法院起诉解决争议。

当合同中约定采用向有管辖权的人民法院起诉解决争议时,任何一方均可以向有管辖权的人民法院提起诉讼。或者,虽然双方在合同专用条款中约定采用仲裁的方式解决争议,但争议发生后双方达成协议,一致同意通过向有管辖权的人民法院提起诉讼的方式解决争议时,任何一方均可以向有管辖权的人民法院提起诉讼。

诉讼实行二审终局制度。当事人对一审判决不服时,可以在规定的时间内向上一级人民法院提起上诉。在规定时间内没有提起上诉的,执行一审判决。在规定时间内提起上诉的,执行二审判决。

5.3 EPC施工阶段工程造价管理的实施策略

传统的施工阶段工程造价控制方式是比较通用的,但呈现的是工程造价的事后控制,不能满足现代工程项目管理集成化的发展趋势。结合对EPC模式施工阶段影响工程造价因素的分析,总承包商应从集成化的角度实施更有效的管理方式。

5.3.1 全要素集成管理

除工程建造成本外，质量、进度、HSE 要素也是实现现代工程项目管理目标的基本保障，各要素目标的实现均要以一定的成本为代价，即质量成本、进度成本、HSE 成本，对整个项目造价管理有着直接影响，因而实施以造价为纽带，集成质量、工期、HSE 管理形成全要素造价集成管理，是实现全要素目标管理的科学保障。可见，全要素工程造价管理属于施工阶段造价管理的核心任务。其中，安全是各要素目标管理的首要条件，只有在安全的前提下才能顺利开展项目各项工作，实现质量、成本、进度等管理目标。

仅注重项目的成本、进度和质量的管理，忽视项目的安全和环保的管理，这是一种不均衡管理，更不符合现代工程项目管理的发展趋势。工程造价管理的最优目标是：质量高，进度快，造价低，但实际工程中很难取得如此效果，因为各要素之间是相互影响、相互制约的，任何一个要素的改变都会影响其他要素。如工期与成本的关系，单纯追求工期加快，成本也会随之增加，单纯追求成本降低，工期可能随之拖延；又如质量与成本的关系，质量提高往往会使成本增加，但又可能会使维护运营成本降低，而质量下降虽然使成本减少，但往往会增加后期返工费用。在工程实施过程中，做到各要素的绝对均衡并不是一种科学的管理方式，因为不同类型工程的各个要素之间的相对重要性不同，且实际工程中也很难做到全要素的绝对均衡管理，因而全要素集成管理追求的并不是绝对的均衡，即视每个要素都同等重要，而是一种相对的均衡，因此 EPC 总承包商项目管理的重点是集成考虑各要素之间的联系，实施全要素的均衡管理达到全要素目标的全局最优。工程项目通常采用“挣值法”进行施工阶段成本控制，但这种方法仅仅考虑了进度与成本的两个要素，将其分别进行计划与实际的比较、分析，发现偏差再进行纠偏，是一种事后控制方式。

EPC 模式下，总承包商要实现工程造价全要素目标集成管理，通常情况下可采用如图 5-4 所示的分步法的方式进行，并根据具体工程特征、设计方案等作相应调整，确保全要素的整体最优。除此之外，总承包商目前可运用较为先进的 BIM 技术实现施工阶段工程造价全要素统筹、均衡管理使其造价管理效果的提高更为明显，而其 BIM 运用将在下一章节作较为详细分析。

5.3.2 全方位集成管理

EPC 施工阶段面临业主、设计方、施工分包商、采购供应商等多个不同主体，他们之间存在一定交叉与制约关系且代表项目不同的利益方，要协调好各方之间的关系，同样需要总承包商以集成的思想将各方进行综合统筹管理，使各方能在项目实施过程中正确发挥各自的能动作用，确保工程满足工期目标，也就在一定程度上确保工程造价的合理控制。因而施工阶段造价管理是一项系统性管理工作，离不开项目不同利益相关方的参与，总承包商必须集成管理与协调复杂且庞大的不同主体间的工作，应在项目管理的基础上以造价管理为核心，强化 EPC 工程整体管理、全员参与、全方位管理的集成氛围。EPC 模式下，不同参与方的协调和管理面临的最大挑战是避免因信息的交流不畅而导致各种问题，因而其的效果主要反映在信息交流的程度，即总承包商在集成全方位管理时，应注重信息在各方之间传递、反馈的及时性、准确性，避免信息传递的滞后造成进度拖延、信息错误造成额外的返工或引发不同主体的冲突或矛盾，从而加大总承包商的管理、协调难度，减缓项目施工进度。据国际相关资料的研究显示，在工程实施过程产生的种种问题中，2/3 的问题与信息交流有关，其中由信息交流问题而增加的费用占工程额外总费用的 10%～33%。可见，总承包通过加强信息集成管理是实现工程造价全方位管理的重要方式。总承包商可建立基于网络的项目信息管理平台实现信息的管理与共享，如后面提及的 BIM 技术平台，是为各方设置相应的使用权限，基于信息共享的基础进行协同工作，讨论和解决产生的疑问、冲突等。基于网络的 EPC 项目信息管理平台如图 5-5 所示。

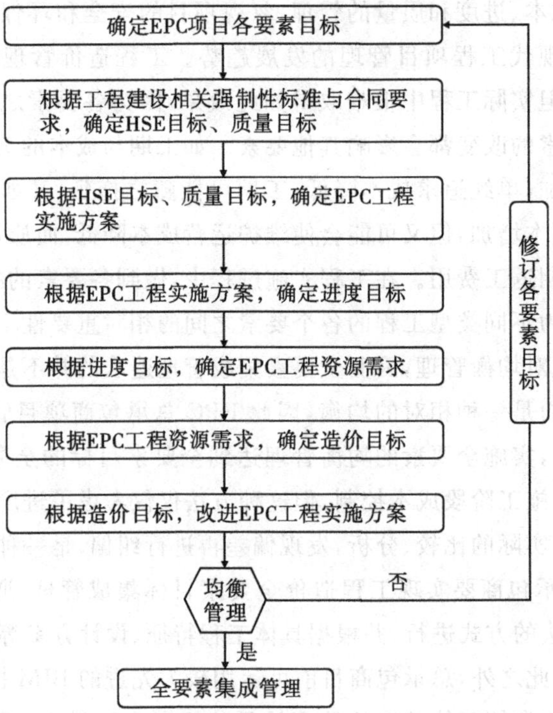

图 5-4　工程造价全要素目标集成管理的步骤

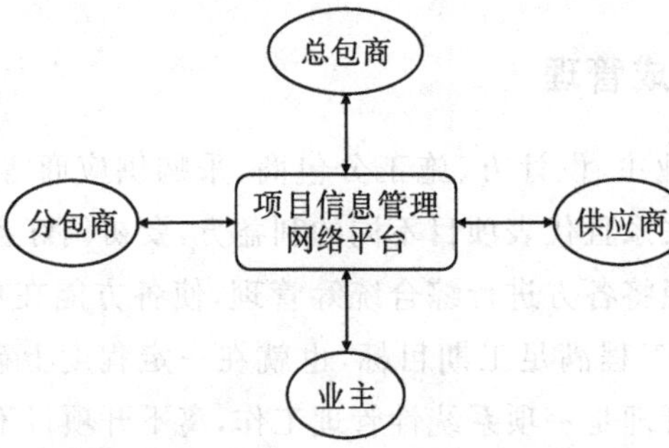

图 5-5　基于网络的 EPC 项目信息管理平台

5.3.3 接口管理

施工阶段接口管理关键在于做好上游的信息反馈，主要体现在：设计与施工的接口管理，及早反映施工过程中发现的设计不合理或可改进之处或后续施工中可能存在的设计问题，以便及时进行更正，保证施工顺畅；施工与采购的接口管理，如制订施工进度计划时充分考虑采购进度计划，确保材料设备的进场符合施工进度要求，同时及时反映采购材料或设备的是否达到施工质量或技术要求，确保施工质量满足标准与安全性要求。接口管理也在设计阶段和采购阶段的章节中进行了较详细的论述，此处不再过多说明。

总承包商须认识到 EPC 施工阶段工程造价集成管理更倾向于是施工管理，必须统筹考虑各阶段之间存在的联系，加强造价事前控制。

第6章

基于BIM的工程造价管理

6.1　BIM 技术概述

6.1.1　BIM 的基本概念与特点

BIM 是"Building Information Modeling"，即建筑信息模型的简称。BIM 技术是一种应用于工程设计建造管理的数据化工具，通过参数模型整合各种项目的相关信息，在项目策划、运行和维护的全生命周期过程中进行共享和传递，使工程技术人员对各种建筑信息作出正确理解和高效应对，为设计团队以及包括建筑运营单位在内的各方建设主体提供协同工作的基础，在提高生产效率、节约成本和缩短工期方面发挥重要作用。

由于国内《建筑信息模型应用统一标准》还在编制阶段，这里暂时引用美国国家 BIM 标准(NBIMS)对 BIM 的定义，定义由三部分组成：BIM 是一个设施（建设项目）物理和功能特性的数字表达；BIM 是一个共享的知识资源，是一个分享有关这个设施的信息，为该设施从建设到拆除的全生命周期中的所有决策提供可靠依据的过程；在项目的不同阶段，不同利益相关方通过在 BIM 中插入、提取、更新和修改信息，以支持和反映其各自职责的协同作业。

因此，BIM 技术是在目前已经广泛应用的 CAD 等计算机技术的基础上发展起来的多维(nD)模型信息集成技术，是对建筑及基础设施物理特性和功能特性的数字化表达，能够实现建筑工程项目在全生命期各阶段（包括规划、设计、施工、运维等）、多参与方（包括业主、设计方、施工方、分包方等）和多专业（包括建筑、结构、给排水、供暖通风、电气设备等）之间信息的自动交换和共享。

BIM 从 1975 年 Eastman 教授提出"BDS"概念之后，经理"VBM""BM"等不同阶段的认知，最终明确为"BIM"，从提出到应用发展，至今已 40 余年，其发展如图 6－1 所示。

真正的 BIM 符合以下五个特点：

1. 可视化

对于建筑行业来说，可视化的真正运用在建筑业的作用是非常大的，让人们将以往的线条式的构件形成一种三维的立体实物图形展示在人们的面前；一种能够同构件之间形成互动性和反馈性的可视，在 BIM 建筑信息模型中，由于整个过程都是可视化的，所以，可视化的结果不仅可以用来效果图的展示及报表的生成，更重要的是项目设计、建造、运营过程中的沟通、讨论、决策都在可视化的状态下进行。

2. 协调性

协调性是建筑业中的重点内容，不管是施工单位还是业主及设计单位，无不在做着协调及相配合的工作。BIM 建筑信息模型可在建筑物建造前期对各专业的碰撞问题进行协调，生成协调数据，提供出来。当然 BIM 的协调作用也并不是只能解决各专业间的碰撞问题，它还可以解决例如电梯井布置与其他设计布置及净空要求之协调、防火分区与其

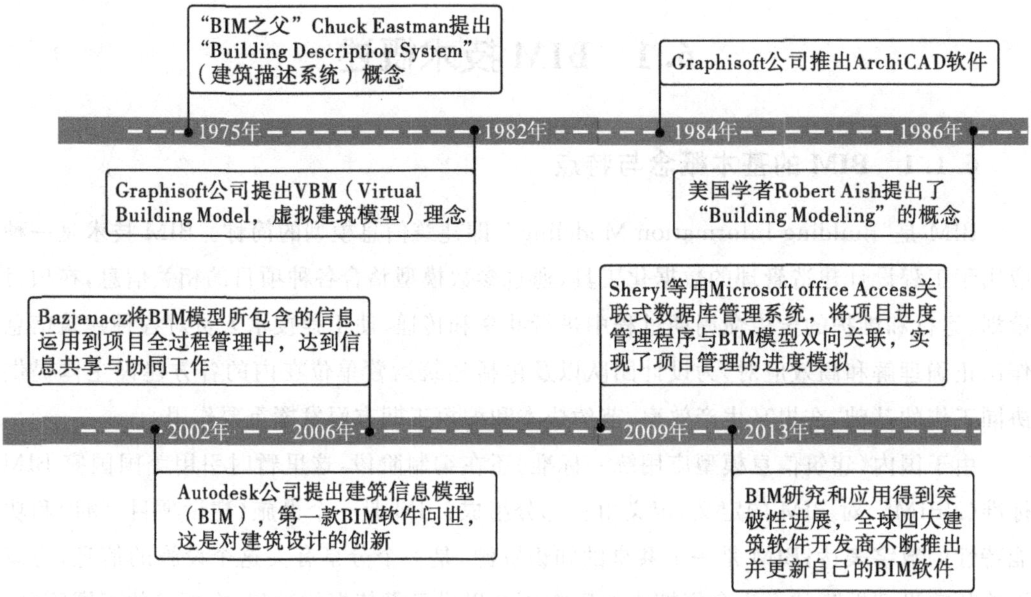

图 6－1　BIM 概念发展

他设计布置之协调、地下排水布置与其他设计布置之协调等。

3. **模拟性**

模拟性并不是只能模拟设计出的建筑物模型，还可以模拟不能够在真实世界中进行操作的事物。在设计阶段，BIM 可以对设计上需要进行模拟的一些东西进行模拟实验，例如节能模拟、紧急疏散模拟、日照模拟、热能传导模拟等；在招投标和施工阶段可以进行 4D 模拟（三维模型加项目的发展时间），也就是根据施工的组织设计模拟实际施工，从而来确定合理的施工方案来指导施工；同时还可以进行 5D 模拟（基于 3D 模型的造价控制），从而来实现成本控制；后期运营阶段可以模拟日常紧急情况的处理方式的模拟，例如地震人员逃生模拟及消防人员疏散模拟等。

4. **优化性**

事实上整个设计、施工、运营的过程就是一个不断优化的过程，当然优化和 BIM 也不存在实质性的必然联系，但在 BIM 的基础上可以做更好的优化、更好地做优化。优化受三样东西的制约：信息、复杂程度和时间。没有准确的信息做不出合理的优化结果，BIM 模型提供了建筑物的实际存在的信息，包括几何信息、物理信息、规则信息，还提供了建筑物变化以后的实际存在。复杂程度高到一定程度，参与人员本身的能力无法掌握所有的信息，必须借助一定的科学技术和设备的帮助。现代建筑物的复杂程度大多超过参与人员本身的能力极限，BIM 及与其配套的各种优化工具提供了对复杂项目进行优化的可能。基于 BIM 的优化可以做下面的工作：

（1）项目方案优化：把项目设计和投资回报分析结合起来，设计变化对投资回报的影响可以实时计算出来；这样业主对设计方案的选择就不会主要停留在对形状的评价上，而更多的可以使得业主知道哪种项目设计方案更有利于自身的需求。

(2)特殊项目的设计优化：例如裙楼、幕墙、屋顶、大空间到处可以看到异型设计，这些内容看起来占整个建筑的比例不大，但是占投资和工作量的比例和前者相比却往往要大得多，而且通常也是施工难度比较大和施工问题比较多的地方，对这些内容的设计施工方案进行优化，可以带来显著的工期和造价改进。

5. 可出图性

BIM并不是为了做出日常多见的建筑设计院所出的建筑设计图纸及一些构件加工的图纸，而是通过对建筑物进行了可视化展示、协调、模拟、优化以后，可以帮助业主做出如下图纸：综合管线图(经过碰撞检查和设计修改，消除了相应错误以后)；综合结构留洞图(预埋套管图)；碰撞检查侦错报告和建议改进方案。

基于上述内容，我们可以大体了解BIM的相关内容。BIM在世界很多国家已经有比较成熟的BIM标准或者制度。BIM在中国建筑市场内要顺利发展，必须将BIM与国内的建筑市场特色相结合，才能够满足国内建筑市场的特色需求，同时BIM将会给国内建筑业带来一次巨大变革。

BIM技术的实现载体主要为BIM软件，不同的BIM软件间则通过BIM标准来协调。区别于传统CAD软件，BIM软件具有以下5个核心特征。

(1)以多维建筑信息模型为基础。多维建筑信息，是指在BIM软件三维几何模型的基础上，附加时间、成本、材料等信息。传统CAD软件以点、线、面为基本元素，利用三视图表达立体模型的方式并不直观，尤其在大型复杂项目上，其空间表达能力有很大的限制，即使是经验丰富的设计人员，也很难完全理清管线与建筑之间的关系，更难以发现设计中的冲突和错误。通过三维几何模型附加其他信息的方式，可直观地表达空间关系，提高设计和沟通效率。

(2)支持面向对象的操作。面向对象的操作，是指在BIM软件中将多维建筑信息围绕着墙、梁、板、柱等建筑构件(对象)组织在模型中，并可供进行修改等操作。传统CAD软件，模型的基本元素是点、线、面，图纸中并不直接描述这些点、线、面的含义，只有受过相关培训后的从业人员才能完全识读这些图纸描述的设计信息。其他如设备规格、施工工艺等信息也不能直接获取，需要从图纸总说明、相关技术文档中查找，效率低下且容易出现疏漏。面向对象的组织和操作方法中，基本元素是墙、梁、板、柱等建筑构件，通过三维显示，直观易懂。同时，相关的设备规格、施工工艺与建筑构件均进行了关联，查找方便。

(3)支持参数化技术。参数化技术，是指BIM软件中模型的信息之间不仅互有关联，还相互约束，其中，可供修改的信息被视为参数，修改其中一个参数，受到约束的其他参数也自动修改过来。例如，一个房间的四面墙中，当有一面墙需要平移以增大房间面积时，传统的CAD软件需要设计人员分别修改三面墙的数据来实现这一变更。而在BIM软件中则只需要直接平移一面墙，其余两面墙的修改则由软件自动完成。而在大型项目中，一次变更将涉及不同图纸、不同文档的多处修改，BIM 软件则能大大减少其中的工作量，高效地保证项目数据的一致性。

(4)提供更强大的功能。从技术上看，采用多维建筑信息模型为基础、支持面向对象操作及参数化技术，意味着 BIM 软件有了一个数据全面、结构良好、约束完善的建筑信息模型，只要结合相应的算法，就能实现传统 CAD 软件难以实现的功能，如智能化的成本分析、能耗分析等。从需求上看，部分软件厂商“为了 BIM 而 BIM”，开发出的软件表面上满足上述技术特征，却只能解决传统 CAD 软件就能解决的问题，没有提供更强大的功能，这些软件也难以称为“BIM 软件”。

(5)支持开放的数据模型标准。通过单一的软件厂商开发 BIM 软件甚至 BIM 平台来满足建筑工程项目在全生命期各阶段、各参与方、各专业的需求是不现实的。因此，软件厂商之间、BIM 软件之间需要通过 BIM 标准来协调。协调的关键，则在于让软件支持开放的数据模型标准。传统 CAD 软件的数据格式相互间要么不兼容，要么需要通过编写针对特定软件的数据导入导出接口。随着行业信息的逐步深入，不同细分领域的专业软件也越来越多，接口开发的工作量也成几何级数增长。BIM 软件共同支持开放的数据模型标准，则省去了相互间接口开发的繁重工作，也为建筑工程项目在全生命周期实现信息共享提供了可能性。

6.1.2 BIM 在建筑工程全过程中的应用

为更好地指导 BIM 技术在建筑领域中的开展与实施，2007 年美国 buildingSMART 联盟启动了“BIM 项目实施计划”项目，并在两年后出版的《BIM 项目实施计划指南》中归纳了规划、设计、施工、运维等四个阶段共 25 个 BIM 技术应用情形(见图 6-2)。以设计阶段为例，涉及了现状建模、成本预算、阶段计划、设计评审、设计建模、结构分析、能耗分析、光照分析、机械分析、其他工程分析、绿色评价、规范验证共 12 个 BIM 技术应用情形，展示了 BIM 技术广泛的应用前景。

目前 BIM 技术应用和研究的领域已经涵盖了项目的各阶段，其中又以设计和施工阶段的应用和研究成果最为突出。

(1)BIM 技术在规划阶段的应用和研究。

BIM 技术在规划阶段的应用和研究主要集中在基于 BIM 技术的早期成本估算，例如在 SketchUp 软件上开发估算插件，从而使设计人员在使用 SketchUp 软件进行规划设计的同时，可以同步估算成本。此外，BIM 技术还可以用于辅助空间规划分析，如空间布置、交通流量分析等。

(2)BIM 技术在设计阶段的应用和研究。

辅助建筑设计是 BIM 技术应用和研究中受关注最多的一个方面。较为成熟的应用包括多专业模型整合及冲突检测，可将建筑、结构、给排水、供暖通风、电气设备等多专业的模型进行整合，并自动分析空间上的重叠部位，甚至可以根据施工要求，找出过于靠近、

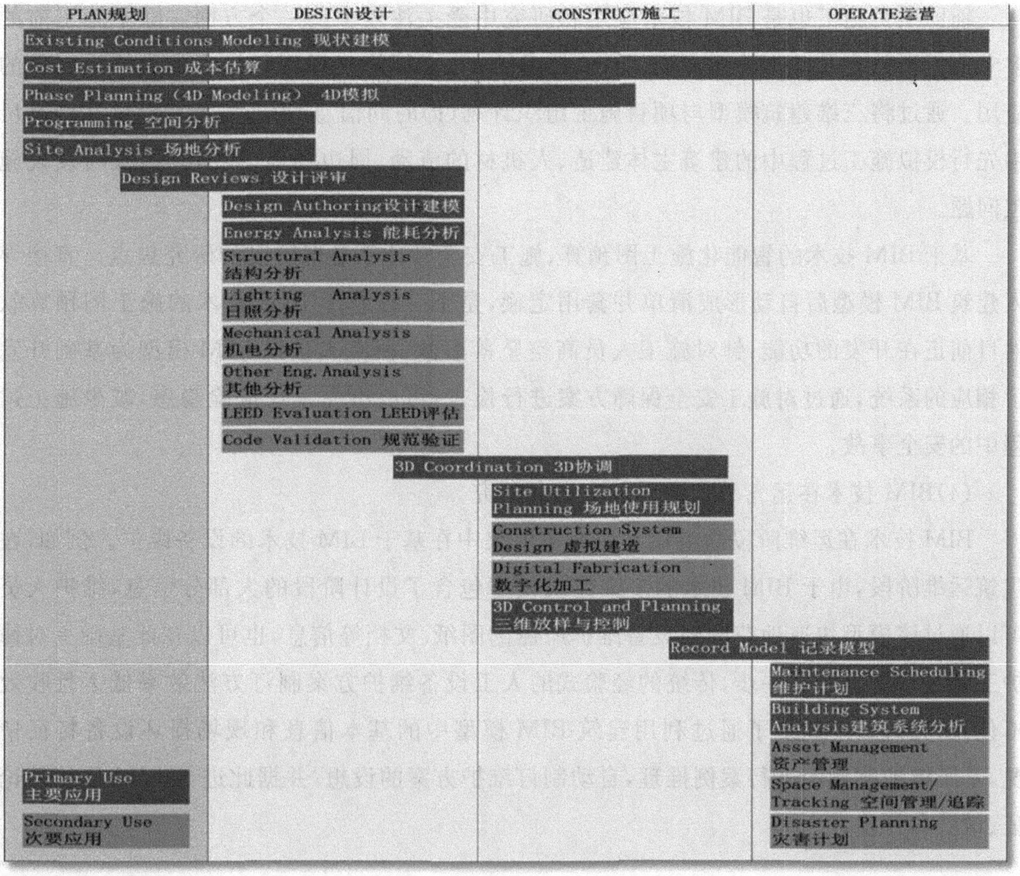

图 6-2 25 个 BIM 技术应用情形

不便于施工的设备及管线，将施工问题提前至设计阶段进行解决。此外，通过预先在多维建筑模型中定义好材料、工艺等细节，利用 BIM 软件还可以自动生成相应的图纸和文档，极大提高了类似项目的设计效率。随着环保、节能等理念得到越来越多人的认同，绿色建筑也开始普及起来。BIM 软件可以利用已有的建筑模型，适当补充相关细分领域的数据后，进行日照、室内外风环境（流速、温度、湿度等）、噪声、能耗、热岛效应等的模拟，从而让绿色建筑从定性设计转变为定量设计。

现阶段在设计领域的 BIM 研究焦点主要在于基于 BIM 技术的可建造性分析、绿色评价和设计结果规范性检查等。例如，针对目前人工进行预制构件划分效率低下且难以优化的问题，研究人员通过对建筑结构的拓扑结构进行分析，提出了基于 BIM 技术的自动构件拆分方法，并通过可行性和经济性的综合分析对多个划分方案进行了比较择优。也有研究人员对国际上的绿色标准条目进行分类和分析，评估当前 BIM 软件进行标准要求的绿色分析的可能性；另外，还有研究人员提出了设计结果规范性检查的软件开发框架，最终目标是开发出自动审图 BIM 软件。

(3)BIM 技术在施工阶段的应用和研究。

辅助项目施工也是BIM技术应用和研究中受关注较多的一个方面。除了施工前的多专业模型整合及冲突检测,基于BIM技术的4D虚拟施工规划和管理也是较为成熟的应用。通过将三维建筑模型与项目施工组织计划(即时间信息,第4维度)结合,在计算机中先行模拟施工过程中的建筑主体建造、人机材的流动、周边场地的利用等,及时发现施工问题。

基于BIM技术的智能化施工图预算、施工安全管理等是现阶段的研究焦点。直接导入建筑BIM模型后自动形成清单并套用定额,是下一代基于BIM技术的施工图预算软件目前正在开发的功能;针对施工人员高空坠落事故,研究人员以BIM模型为基础开发了相应的系统,通过对施工安全保障方案进行检查,可以事先发现危险隐患,减少施工过程中的安全事故。

(4)BIM技术在运营维护阶段的应用和研究。

BIM技术在运维阶段的应用和研究主要集中在基于BIM技术的设备维护。例如,在建筑运维阶段,由于BIM技术的多维建筑模型包含了设计阶段的大部分信息,维护人员可以通过该模型快速地获取到设备维护所需的图纸、文档等信息,也可以在此基础上对修护工作进行管理。进一步,传统的经验式的人工设备维护方案制订方法效率低下且收效不佳,研究人员还提出了通过利用建筑BIM模型中的基本信息和现场损坏设备特征情况,基于维护案例库进行案例推理,自动制订维护方案的设想,并据此进行BIM软件的论证、设计和开发。

6.2 基于BIM的工程造价管理示例

6.2.1 项目示例

1. 项目简介

某项目总面积建筑1637.4 m^2,地下建筑面积127.4 m^2。质量目标为确保本工程一次合格率100%。建筑使用设计年限为普通建筑50年,结构抗震设防烈度为7度;建筑耐火等级为地上为二级,地下为一级;屋面防水等级为Ⅱ级;地下室防水等级为一级。建筑底层室内地坪设计相对标高±0.000相当于绝对标高4.85 m。

项目俯瞰图见图6-3。

项目中,建设方、造价咨询、总承包、专业分包等多家参与企业均应用了BIM技术。本案例从造价咨询企业角度,介绍BIM在前期招标、施工图预算、中期付款、变更管理等造价工作中的应用。通过模型中共享的数据,实现工程量自动统计,减少造价人员手动算量的时间,计算出来的工程量结果也更加精确,得出的成本预算接近实际工程量。

整个项目的模型实施按照如图6-4的方式进行了BIM的造价应用。

图6-3 某项目俯瞰图

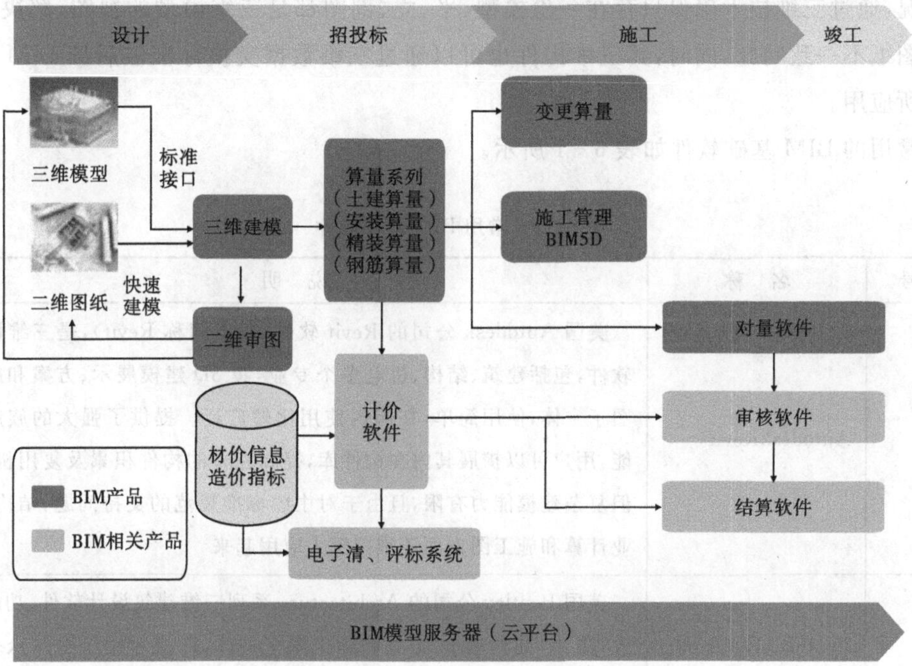

图6-4 某项目进行的BIM造价应用

2. 项目研究背景

为贯彻落实上海市人民政府办公厅《转发市建设管理委员会关于在本市推进建筑信息模型技术应用指导意见的通知(沪府办[2014]58号)》,以及《上海市推进建筑信息模型技术应用三年行动计划(2015—2017)》,重点推进BIM技术在同类型的政府投资公共建筑等工程中的应用,形成可推广的经验和方法。通过政策和标准的引导,激励市场主体转型发展的内在需求,结合上海市国际旅游度假区国有资金投资建设项目,研究基于BIM

技术的造价应用，所以在不同的项目中选择，并最终决定研究 BIM 技术在造价中的实际应用。

其次由于项目的特点是占地面积不大，但作为工程建设来说基本涵盖了普通建筑的基本构件，将本项目作为研究的试点既能够反应所有项目的基本情况，又保证工作量能够控制在一定范围内。

6.2.2 BIM 应用的软件介绍

1. 工程造价 BIM 基础软件

BIM 基础软件主要是建筑建模工具软件，其主要目的是进行三维设计，所生成的模型是后续 BIM 应用的基础。

在传统二维设计中，建筑的平、立、剖图分别进行设计，往往存在不一致的情况。同时，其设计结果是 CAD 二维图，计算机无法进行进一步的处理。三维设计软件改变了这种情况，通过三维技术确保只存在一份模型，平、立、剖图都是三维模型的视图，解决了平立剖图纸不一致问题，同时，其三维构件也可以通过三维数据交换标准被后续 BIM 应用软件所应用。

常用的 BIM 基础软件如表 6-1 所示。

表 6-1 常用 BIM 基础软件

序号	名称	说明
1	AutodeskRevit	美国 Autodesk 公司的 Revit 软件（以下简称 Revit），是三维设计软件，包括建筑、结构、机电多个专业，集 3D 建模展示、方案和施工图于一体，使用简单，在国内使用比较广泛。提供了强大的族库功能，用户可以扩展其内在构件库，提高完善的构件积累及复用机制。但复杂建模能力有限，且由于对中国标准规范的支持问题，结构、专业计算和施工图方面还难以深入应用起来
2	BentleyAECOsim Building Designer 系列软件	美国 Bentley 公司的 Architecture 系列三维建筑设计软件，功能强大，集 3D 建模展示、方案和施工图于一体，广泛应用于全球众多的大型复杂的建筑项目和基础、工业项目。但使用复杂，且由于对中国标准规范的支持问题，结构、专业计算和施工图方面还难以深入应用起来
3	Graphisoft ArchiCAD	欧洲 Graphisoft 公司的设计软件，大型复杂模型的创建与操作能力较强，对三维数据交换标准 IFC 有良好的支持，可以将建立的三维模型应用于后续的 BIM 应用软件。其特长在于建筑专业，机电专业推出时间比较短，缺乏各个专业全面解决方案，限制了它在国内的应用

续表

序号	名 称	说 明
4	PKPM三维建筑设计软件APM	中国建筑科学研究院建筑工程软件研究所PKPM软件实现了三维设计可视化,参数化构件设计,三维建筑方案设计和二维平、立、剖、详图、总平面施工图设计于一体,可以进行构件统计和材料算量,与PKPM结构软件和设备软件共享核心数据,为设计院协同设计提供了有力支持,自带二维渲染、三维渲染和动画制作模块,可进行建筑日照分析和房间面积统计。PKPM对三维数据交换标准支持存在不足
5	天正建筑软件T-Arch	基于AutoCAD平台,遵循中国标准规范和设计师习惯,几乎成为施工图设计的标准,同时具备三维自定义实体功能,也可应用在比较规则的建筑的三维建模方面。目前对三维模型数据交换标准支持不足,还比较难以应用于后续BIM应用软件

在工程中,主要使用Autodesk Revit 2016,按照专业分门别类建模,并在建模期间,建立匹配计量出量的模型,包括了辅助出量的参数信息建立。

2. BIM算量软件

常用的BIM算量软件如表6-2所示。

表6-2 BIM算量软件

序号	名 称	说 明
1	鲁班土建	鲁班土建为基于AutoCAD图形平台开发的工程量自动计算软件。它利用AutoCAD强大的图形功能并结合了我国工程造价模式的特点及未来造价模式的发展变化,内置了全国各地定额的计算规则,最终得出可靠的计算结果并输出各种形式的工程量数据。由于软件采用了三维立体建模的方式,使整个计算过程可视化。通过三维显示的土建工程可以较为直观的模拟现实情况。其包含的智能检查模块,可自动化、智能化检查用户建模过程中的错误
2	鲁班造价	鲁班造价软件是基于BIM技术的国内首款图形可视化造价产品,它完全兼容鲁班算量的工程文件,可快速生成预算书、招投标文件。软件功能全面、易学、易用,内置全国各地配套清单、定额,一键实现"营改增"税制之间的自由切换,无需再做组价换算;智能检查的规则系统,可全面检查组价过程、招投标规范要求出现的错误。为工程计价人员提供概算、预算、竣工结算、招投标等各阶段的数据编审、分析积累与挖掘利用,满足造价人员的各种需求

续表

序号	名 称	说 明
3	鲁班安装	鲁班安装是基于 AutoCAD 图形平台开发的工程量自动计算软件。其广泛运用于建设方、承包方、审价方等多方工程造价人员对安装工程量的计算。鲁班安装可适用于 CAD 转化、绘图输入、照片输入、表格输入等多种输入模式，在此基础上运用三维技术完成安装工程量的计算。鲁班安装可以解决工程造价人员手工统计繁杂、审核难度大、工作效率低等问题
4	广联达 BIM 土建算量软件	广联达 BIM 土建算量软件 GCL 是广联达自主图形平台研发的一款基于 BIM 技术的算量软件，无需安装 CAD 即可运行。软件内置《房屋建筑与装饰工程工程量计算规范》及全国各地现行定额计算规则；可以通过三维绘图导入 BIM 设计模型（支持国际通用接口 IFC 文件、Revit、ArchiCAD 文件）、识别二维 CAD 图纸建立 BIM 土建算量模型；模型整体考虑构件之间的扣减关系，提供表格输入辅助算量；三维状态自由绘图、编辑，高效且直观、简单；运用三维布尔技术轻松处理跨层构件计算，彻底解决困扰用户难题；提量简单，无需套做法亦可出量；报表功能强大，提供做法及构件报表量，满足招标方、投标方各种报表需求
5	品茗 HIBIM	基于 Revit 研发的一款集建模、翻模、设计优化、工程算量于一体的安装工程 BIM 应用软件。软件采用 CAD 直入方式，可以在 REVIT 平台上进行快速翻模。软件可对设计图不合理的地方进行查找并提供修改方案，并支持对结果导出成各种形式的文档。软件结合了国内各地的清单及定额的计算规则，能快速、精准地做出各种工程量

6.2.3 基于 Revit 的 BIM 造价应用介绍

1. 建立模型

第一步：依据算量方式确定建模基调。

建模的第一步工作就是选择什么样的算量方式。目前算量方式有三种，设计院的 BIM 设计模型统计工程量、BIM 算量软件统计算量、传统手算列表算量模式，造价咨询方在选用过程中做了如下综合分析：

（1）设计院的 BIM 设计模型统计工程量。

设计院提供的Revit模型在设计施工管理方面相当出色，但是这个设计模型汇总统计的工程量无法达到造价的要求，原因是Revit软件本身并没有工程量清单、定额计算规则设置，构件之间的扣减关系不明确，这就造成了工程量结果不准确。

(2)传统手算列表算量。

在传统模式下，手算列计算式和汇总计算是相当繁重的工作，当发现错误时修改起来更是麻烦。在施工过程中，遇到工程变更时，计算书、计算式的调整复杂、费时。例如，在钢筋工程的手算一直都是煞费工夫的事情，除了反复翻阅图纸外，要不断地翻图集，查看钢筋锚固、搭接长度、钢筋节点，还要计算不同类型的接头数量。另外，由于工程上数据相互关联，修改一个数据往往导致上百个数据的调整。工程量的最后汇总容易出错，这是需要非常小心，反复核算，很是耗时费力。

从项目本身来看，项目建筑面积大，构件种类及数量繁多，各种构件之间的扣减关系错综复杂，功能房间做法各异，手算列表分类汇总麻烦；项目建设周期长，待到项目最终结算时，重新拿出计算书、计算稿，需要重新找思路，找记忆。

(3)BIM算量软件统计算量。

国内造价行业现有的BIM算量软件经过多年发展，已经很成熟、很专业。

算量模式比较理想的是能够实现设计软件与算量软件的数据接口。虽然，目前国内BIM算量软件与Revit软件已经在试验数据接口，但尚未建立统一的国家及地区标准，项目时间上不允许进行这种试验。

最终确定土建算量使用BIM算量软件重新构建，进行工程量统计的模式；而钢构部分目前没有对应的钢构算量软件，使用设计软件Tekla进行直接的工程量汇总，结合手工处理方式进行工程量统计。

第二步：按照不同的专业以及不同的层级划分不同的专业模型拆分(见表6-3)。

第三步：总平面模型的指标确立。

对于单项目来说，如果涉及两个单体及以上，或者存在有裙楼的情况下，之所以将总平面模型指标单独抽出确立，是因为所有的模型基础均来自于总平面模型，模型中包含着项目的原点坐标，以及项目的初始坐标，各个不同的单体轴网均在总平面模型中得以展示，总平面模型中不仅仅含有各个单体，根据阶段的不同会布置不同的构件。图6-5所示为总平面模型示意图。

此外，总平面模型遵循以下基本的要求：

(1)项目单位为毫米。

(2)使用相对标高，±0.000即为坐标原点Z轴坐标点。

(3)为所有BIM数据定义通用坐标系。正确建立“正北”和“项目北”之间的关系。

另外各个阶段的模型基本参照如下：

(1)立项阶段：场地模型，各个单体的方案设计模型，场地模型中有土质以及其他信息。

表 6-3 按不同专业及层级划分的专业模型折分

<table>
<tr><th>总体</th><th colspan="2">专业模型</th><th>分区</th><th>楼层</th></tr>
<tr><td rowspan="22">综合BIM模型</td><td colspan="2" rowspan="2">建筑</td><td>主楼</td><td>一层、二层</td></tr>
<tr><td>辅楼</td><td>一层、二层</td></tr>
<tr><td colspan="2" rowspan="2">结构</td><td>主楼</td><td>一层、二层</td></tr>
<tr><td>辅楼</td><td>一层、二层</td></tr>
<tr><td colspan="2" rowspan="2">装饰</td><td>主楼</td><td>一层、二层</td></tr>
<tr><td>辅楼</td><td>一层、二层</td></tr>
<tr><td colspan="2">幕墙</td><td>整体</td><td>整体</td></tr>
<tr><td colspan="2">专业</td><td colspan="2">系统名称</td></tr>
<tr><td rowspan="13">机电安装</td><td rowspan="3">空调水</td><td colspan="2">冷水供、回水</td></tr>
<tr><td colspan="2">热水供、回水</td></tr>
<tr><td colspan="2">冷凝水</td></tr>
<tr><td>空调风</td><td colspan="2">空调风</td></tr>
<tr><td>防排烟</td><td colspan="2">防排烟</td></tr>
<tr><td rowspan="4">给排水</td><td colspan="2">给水</td></tr>
<tr><td colspan="2">排水</td></tr>
<tr><td colspan="2">中水</td></tr>
<tr><td colspan="2">雨水</td></tr>
<tr><td rowspan="2">消防</td><td colspan="2">消火栓</td></tr>
<tr><td colspan="2">喷淋</td></tr>
<tr><td rowspan="2">电气</td><td colspan="2">强电</td></tr>
<tr><td colspan="2">弱电</td></tr>
<tr><td rowspan="3">总平面布置模型</td><td colspan="2">场地布置</td><td colspan="2" rowspan="3"></td></tr>
<tr><td colspan="2">各个单体的轴网定位</td></tr>
<tr><td colspan="2">施工临设布置</td></tr>
</table>

图 6-5 总平面模型示意图

(2)扩初设计:相应的红线路线范围,以及场地周边的道路设施情况。

(3)施工阶段:相应的机械设备,例如塔吊挖机、现场临设的情况。

2. Revit **算量模型概念**

(1)基本概念。

建筑项目一般分为概念设计、方案设计、初步设计、施工图设计、施工实施、运营等阶段,模型辅助算量工作主要集中在方案设计、初步设计、施工图设计、施工深化设计、施工阶段以及最终的竣工结算。

建筑项目各阶段的划分是以工作内容来定义区分。在本工程中各阶段的 BIM 造价应用如表 6-4 所示。

(2)算量模型的建立。

按照传统做法,工程量的精确计算,是在设计完成后,由预算人员按照设计图纸,重新翻图,形成算量模型,然后把进行工程量统计,翻图工作是算量工作的主要内容,也是最耗时的工作,加上建立算量模型时人为误差等不确定因素的存在,使得建设方招标的工程造价、承包商投标的造价、工程决算的造价往往相差很大,直接影响各方的经济效益,甚至影响工程的顺利进展。对于工程造价人员来说,各专业的 BIM 模型建立是 BIM 应用的重要基础工作。BIM 模型建立的质量和效率直接影响后续应用的成效。目前 BIM 模型的建立主要有三种途径:

表6-4 各阶段BIM造价应用

序号	阶段划分	阶段描述	基本应用
01	立项阶段	本阶段是选择和决定投资行为方案的过程，是对拟建项目的必要性和可行性进行技术经济论证，对不同建设方案进行技术经济比较、选择以及做出判断和决定的过程。项目投资决策是投资行动的依据，项目决策正确与否直接决定到项目建设的成败，关系到工程造价的高低及投资效果的好坏。正确决策是合理确定和控制工程造价的前提	协助设计单位的限额设计 协助项目进行投资评估 协助可行性研究
02	设计阶段	本阶段的主要目的是为建筑后续设计阶段提供依据及指导性的文件。主要工作内容包括：根据设计条件，建立设计目标与设计环境的基本关系，提出空间建构设想、创意表达形式及结构方式等初步解决方法和方案	建筑、结构专业模型构建、并辅助汇总最新设计资料以及变更 建筑结构平面、立面、剖面检查 各类参数的录入
03	扩初阶段	本阶段的主要目的是为施工安装、工程预算、设备及构件的安放、制作等提供完整的模型和图纸依据。主要工作内容包括：根据已批准的设计方案编制可供施工和安装的设计文件，解决施工中的技术措施、工艺做法、用料等问题；并复核设计阶段的模型是否满足设计阶段的要求	
04	施工阶段	本阶段的主要目的是完成合同规定的全部施工安装任务，以达到验收、交付的要求。主要工作内容包括：按照施工方案完成项目建造至竣工，同时，统筹调度、监控施工现场的人、机、料、法等施工资源	5D的工程模拟，包含了人力、材料、机械的模拟
05	竣工结算	工程结算是发承包双方依据合同约定，对合同工程在实施中、终止时、已完工后进行的合同价款计算、调整和确认，包括期中结算、中止结算、竣工结算。建设项目工程结算价款为：履行合同过程中按照合同约定进行的合同价款调整（清单计价规范约定），包括了工程变更、项目特征不符、工程量偏差、现场签证、暂估价等一系列内容	收集过程文件，为竣工结算提供依据

①直接按照施工图纸重新建立BIM模型,这也是最基础最常用的方式。

②如果可以得到二维施工图的AutoCAD格式的电子文件,利用软件提供的供的识图转图的功能,将dwg二维图转成BIM模型。

③复用和导入设计软件提供的BIM模型,生成BIM算量模型。这是从整个BIM流程来看最合理的方式,可以避免重新建模所带来的大量手工工作及可能产生的错误。

第三种方式中,BIM算量软件通过复用BIM设计模型,在BIM算量软件中基于BIM模型进行模型信息的处理以及算量规则的设定,打通从设计模型到算量模型的数据通道,算量阶段无需再次建模,工作量减少50%以上,不仅能避免二次建模的工作,还可以克服因人为操作而造成的工程量计算偏差,达到快速、精确算量的目的,大幅度提高造价工作人员的工作效率。

本项目主要使用Revit 2016以及使用品茗插件。

3. **Revit算量模型的一般规定**

BIM设计模型和BIM算量模型因为各自用途和目的不同,导致携带的信息存在差异。BIM设计模型存储着建设项目的物理信息,其中最受关注的是几何尺寸信息,而BIM算量模型不仅关注工程量信息,还需要兼顾施工方法、施工工序、施工条件等约束条件信息。

在目前阶段BIM设计模型不能直接用于计算工程量,具体原因如下:

(1)设计模型中的信息不全面,施工过程产生的成本模型,例如:施工中的脚手架的搭设、模板支设、基坑支护、机电工程的支吊架、防雷接地等项目在设计BIM模型中没有体现,无法满足工程量计算的需要。

(2)现有设计中存在简化表示的构件,例如:钢筋平法标注、节点大样和图集的画法、构造柱和过梁的设置、电气专业的配线等,在BIM的设计模型中无法体现,无法满足工程量计算的需要。

(3)在工程计价中,直形墙和弧形墙、矩形柱和异形柱、混凝土标号、标高、添加剂、内外墙、人防、非人防项目是需要分别计算工程量的;在设计BIM模型中未进行区分,无法满足工程计价的需要。

(4)设计BIM模型软件的工程量与造价计算规则的约定不一致,例如防水卷材起卷高度、大于0.3 m^2 的洞口扣减、门窗洞口尺寸和门窗族实际尺寸不一致、楼梯按照投影计算,考虑休息平台、梯井尺寸算法不一样、阳台区分封闭式和开放式,面积算法不一致等,在设计BIM模型中未进行考虑,涉及这类内容的工程量无法满足计价的要求。

基于上述原因,基于BIM的工程量计算,需要通过补充模型信息或者另行建立造价BIM模型来满足工程量计算的要求。因此目前复用BIM设计模型,要重点注意以下三个方面的工作:

(1)设计信息和造价信息的匹配。造价人员利用设计BIM模型中的信息进行造价编制,首先必须对设计过程形成的信息进行过滤,得到满足项目不同阶段编制造价精细程度需要的项目信息。

(2)造价人员提前介入设计。设计人员只关注设计信息,不会考虑造价的需要;造价人员也不会参与到设计,但是对造价结果负完全责任,两者工作的割裂导致信息的断裂。因此造价人员必须在设计早期介入,参与构件信息组成的定义;否则造价人员需要花费大量时间对设计 BIM 模型进行校验和修改。

(3)打通设计建模软件与算量软件之间的数据通道,建立 BIM 模型标准。设计模型一般仅仅是包括几何尺寸、材质等信息,而工程造价不仅仅由工程量和价格决定,还跟施工方法、施工工序、施工条件等约束条件有关,目前没有 BIM 模型标准考虑这些约束条件,正在编制的国家 BIM 标准《建筑工程设计信息模型分类和编码》也不能实际解决该问题。因此需要根据工程项目和企业情况建立工作标准,如构件分类标准(即建筑元素分类标准)、清单计价规范以及是采用企业定额还是预算定额进行组价等确定标准。对构件信息描述不统一,构件分类不一致等问题导致设计软件的模型导入到造价软件中信息的缺失。

根据项目的实际情况,配合算量,项目中参照清单计量规则,制定了相应的规则。

4. 工程中 Revit 工程计量

基于 BIM 的算量功能可以使工程量计算工作摆脱人为因素的影响,得到更加客观的数据。招标和投标各方都可以利用 BIM 模型进行工程量自动计算、统计分析,形成准确的工程量清单。建设单位或者造价咨询单位可以根据设计单位提供的富含丰富数据信息的 BIM 模型快速短时间内抽调出工程量信息,结合项目具体特征编制准确的工程量清单,有效地避免漏项和错算等情况,最大程度减少施工阶段因工程量问题而引起的纠纷。在招投标过程中,建设单位也可以将拟建项目 BIM 模型以招标文件的形式发放给投标单位,以方便施工单位利用设计模型,快速获取正确的工程量信息,与招标文件的工程量清单比较,可以制定更好的投标策略。

5. 工程中 Revit 商务合同的参数录入

建设工程合同是指承包人进行工程建设,发包人支付价款的合同。建设工程合同包含了多种类型,贯穿整个项目,建设工程由于结构复杂、体积大、建筑材料类型多、工作量大,使得合同履行期限都比较长,且履行合同的过程期间还会因为不同因素的影响导致合同期限顺延,所以模型中根据不同的时间对不同的合同参数进行录入,辅助工程合同的管理,使用 Revit 特有的参数特性,在不同时期录入不同的数据参数,通过版本的浏览以及保存,能够做到索引历史合同记录。

背景工程中,根据合同的分类,制定了相应的数据录入规定,具体参数见附表 1。

6. 工程中的 Revit 组织浏览器架构

本工程中模型不仅承担三维观察的功能,更有辅助出量,辅助合同管理的功能,作为不同角色,需要查看的内容也不尽相同,所以应设置不同的视图浏览器使得不同角色能够快速浏览。浏览器设置如图 6-6 所示。

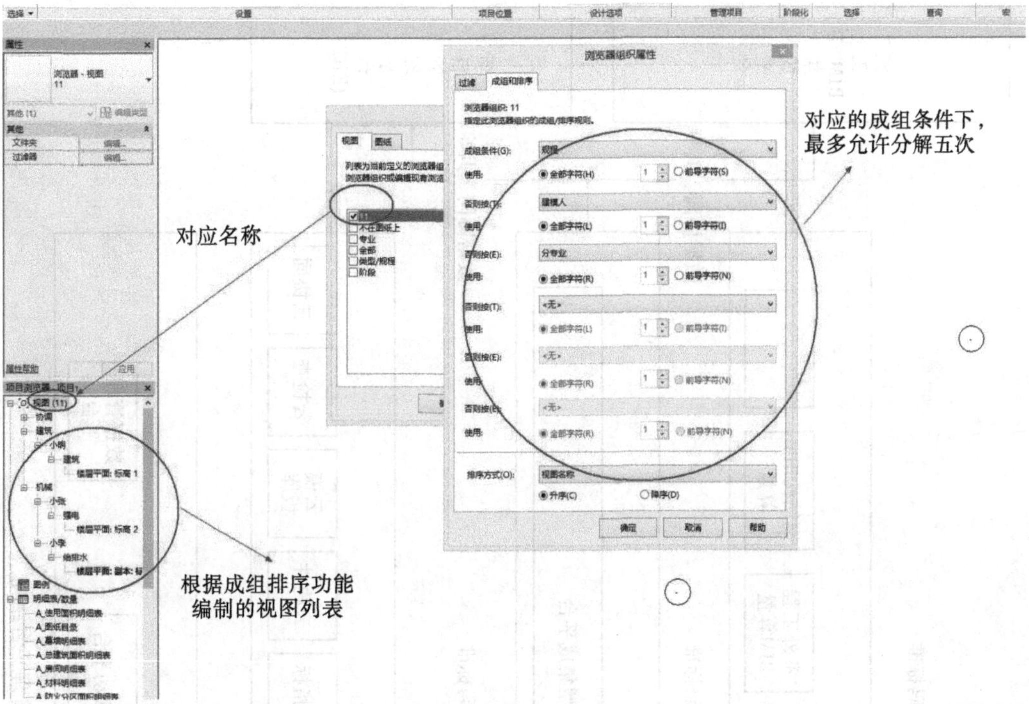

图 6-6　浏览器设置

7. 基于云平台的项目协调管理平台

基于云平台的项目协调管理平台的结构如图 6-7 所示，该平台特点及功能如下：

(1)支持不同阶段的工程造价信息数据的对比分析。

由于工程造价 BIM 信息平台中集成了项目不同阶段(投资估算、设计概算、施工图预算、施工预算)所产生的大量造价信息数据，相关人员可以实时对各阶段的造价信息数据进行有效的对比分析，很容易发现管理的问题所在，就可做到事前控制、计划。

(2)支持数据库的工程造价信息的管理。

基于 BIM 模型的造价文档管理，是基于数据库模型建立，将电子文档等通过操作和 BIM 模型中相应的部位进行关联。该造价管理平台集成对文档的搜索、查阅、定位功能，并且所有操作都是基于可视化的 BIM 信息模型的界面中，充分提高数据检索的直观性，提高相关资料的利用率。当项目竣工后，能够自动形成完整的信息数据库，为工程造价管理人员提供快速查询定位。

(3)支持工程造价大数据的筛选、调用。

BIM 模型中含有大量的工程造价信息数据，可以为工程提供强有力的数据支撑。在工程造价管理中，工程量部分可以根据实际进度维度、空间维度、构件类型、承包商维度、操作者维度等要素进行汇总统计，保证工程基础数据及时、准确地提供，为领导决策层提供最真实、准确的决策环境。

BIM 在施工过程中，根据设计优化和相关变更对 BIM 造价信息模型进行动态的调整，将工程从开工到竣工的全部相关造价信息、数据资料存储在基于 BIM 技术的工程造

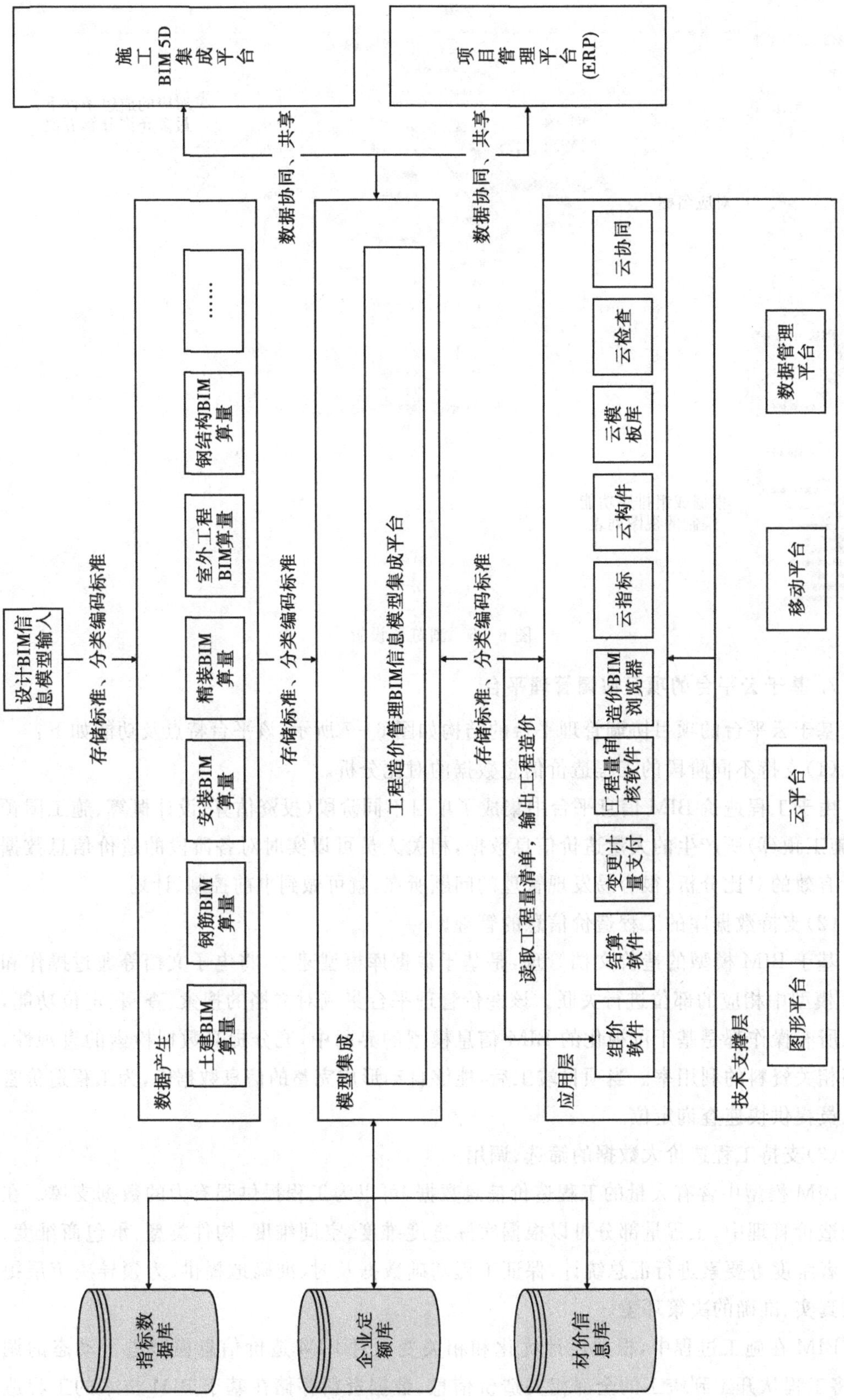

图 6-7 基于云平台的项目协调管理平台结构

价信息模型集成平台的后台服务器中。无论是在施工的过程中还是在工程竣工后，所有的造价信息相关数据资料都可以根据需要进行参数设定，从而搜索得到相应的工程造价基础数据。工程造价管理人员即时、准确地筛选和调用工程造价基础数据得以实现。

(4)支持工程造价全过程管控。

基于BIM技术的新一代工程造价信息模型集成平台集成了各阶段的造价信息数据，并对这些数据进行统一管理，形成数据对比，同时可以提供施工合同、支付凭证、施工变更等工程附件管理，并成为成本测算、招标投标、签证管理、支付等全过程造价进行管理。

基于BIM技术的新一代工程造价信息模型集成平台应支撑企业级的过程管控，可以同时对公司下属管理的所有在建项目和竣工项目进行查阅、比对、审核；可以通过饼状图、柱状图等直观了解各工程项目的情况，从而更好地进行工程造价管理过程管控；可以方便统计，追溯各个项目的现金流和资金使用情况，并根据各项目的形象进度进行筛选汇总，为领导决策层更充分的调配资源、进行决策创造了条件。模型、报表、公式、价格都是相关联动的整体，每一个数据都可以快速追踪到与之相关联的各个方面，尤其对于异常数据或不合理的数据可以进行多维度的对比分析，从而避免不合理的以及人为因素造成的错误和浪费现象。

(5)有力支撑工程建造过程中的各种决策。

基于BIM技术创建的工程造价BIM信息模型的相关数据，可以对施工过程中涉及成本和相关流程的工作给予巨大的决策支撑，同时及时准确的造价信息数据反应速度也大大提高了施工过程中审批、流转的速度，极大地提高了相关工作人员的效率。无论是技术员、材料采购员、预算员、资料员、施工员等项目现场的工程管理人员还是企业级的管理人员都能通过基于互联网的信息化终端和BIM造价信息模型集成平台的后台数据将整个工程的造价相关的信息顺畅的流通起来，保证了各种造价信息数据及时、准确的调用、查阅、核对。随着BIM技术的推广和不断深入的应用，工程造价管理信息化、过程化、精细化将成为可能，并不断地得到完善。现代化的移动互联网技术、云技术和BIM造价信息模型集成平台的出现必将推动建设项目全过程造价管理进如革命性的时代，工程造价全过程管控也必将成为这场革命的先行军。

工程造价信息模型集成平台也将提供分布式的工作平台和统一的数据管理平台，为工程项目的远程协同提供支撑；同时也会针对不同软件厂商的各种数据应用的整合、共享、协同(如施工阶段BIM信息模型集成平台BIM 5D、项目管理信息平台PM、ERP等系统)提供支撑，扩大BIM技术在建设项目的应用范围。

8. 品茗插件的算量应用

安装品茗插件，使用需要通过安装完毕后的快捷方式登陆至品茗的登录界面可以选择新建、打开算量工程以及优化建模，右侧可以选择版本，目前可以支持Revit 2016以上的版本，见图6-8、图6-9。

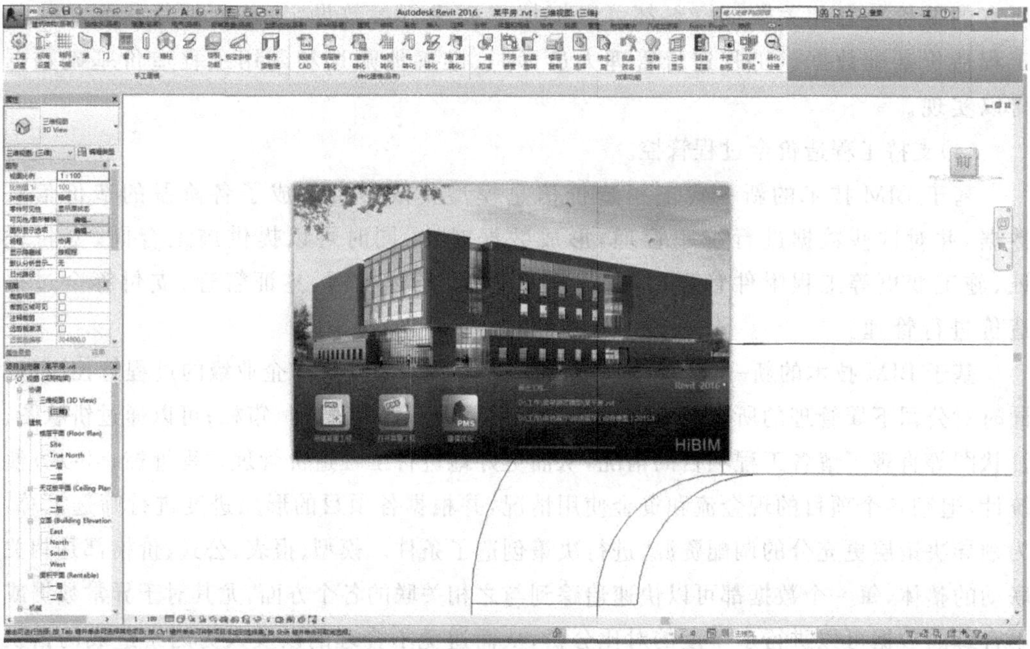

图 6-8　EPC 项目运作过程(1)

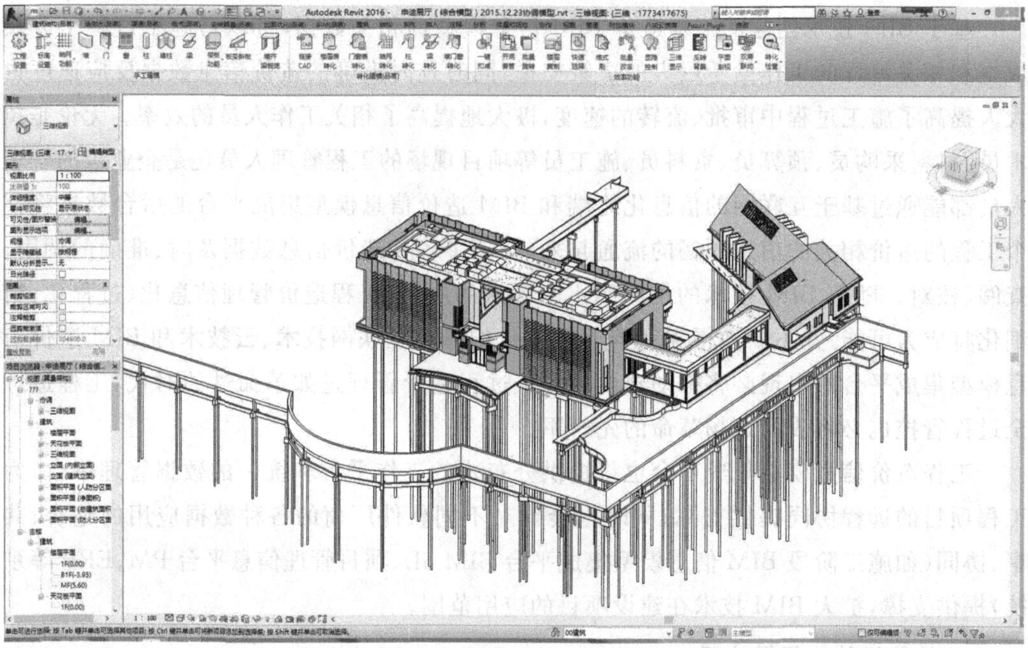

图 6-9　EPC 项目运作过程(2)

通过插件打开的模型会比之前 Revit 界面多出七个功能区域，相比之前的 Revit 功能更加智能。在建筑结构板块中较为特色的是一键扣减，开洞套管功能，建立模型时由于一系列的原因模型疏忽以及无法避免的问题，例如强与柱之间的扣减关系，插件提供了算量的运算规则可执行一键扣减功能，选择想要扣减的构建，还可以选择扣减的范围。见图 6-10。

开洞套管，按照建模的实际情况，不论是预留洞口或者是开洞，建模人员有时可能会存在纰漏，无法将所有的洞全数开好，插件提供了快速的开洞套管的功能，可以选择多种类的开洞套管模式，见图 6-11。

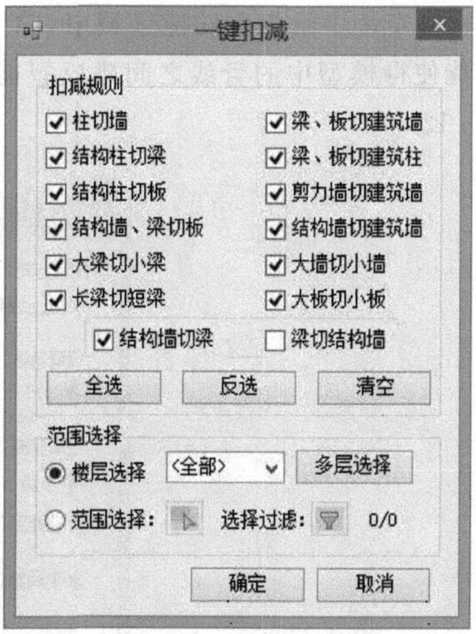

图 6-10　一键扣减功能

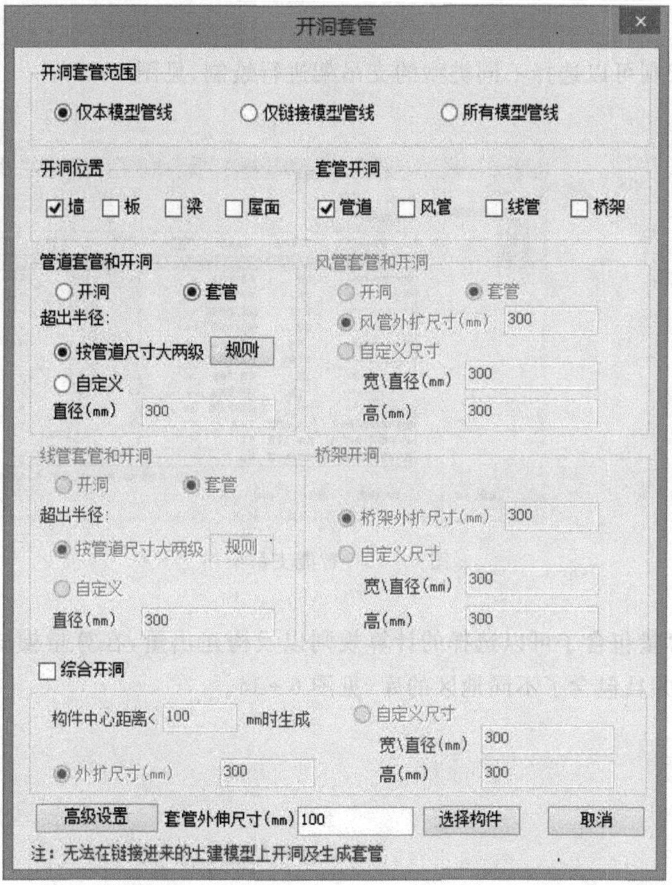

图 6-11　开洞套管

机电安装中给排水功能区域中，除了之前的开洞套管功能，智能避让管道与支吊架功能使得模型中的管线之间碰撞智能化的避开，可以选择避让方向以及角度。见图 6 - 12。

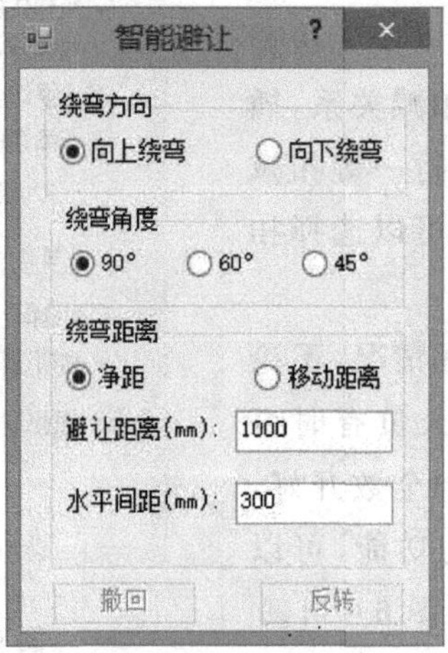

图 6 - 12　智能避让

智能支吊架则可以选择不同类型的支吊架进行绘制，见图 6 - 13。

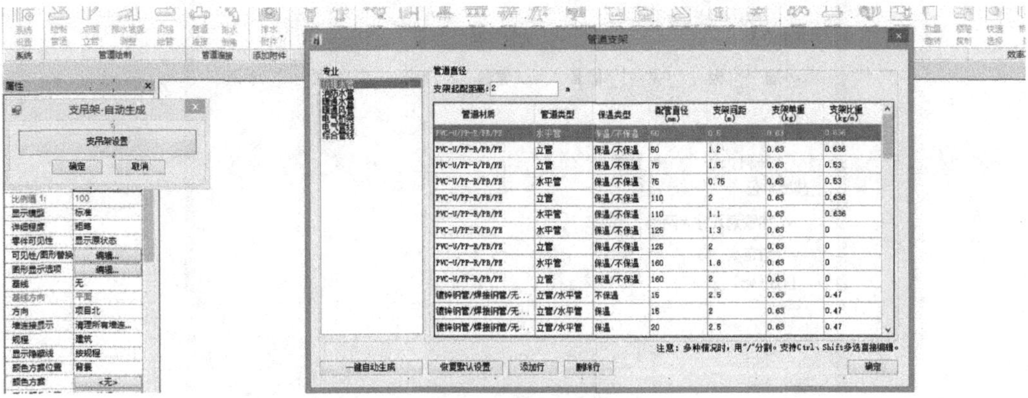

图 6 - 13　智能支吊架

品茗安装算量包含了可以选择的计算规则以及构建出量，在算量模式中可以选择清单或者是定额，并且包含了不同地区的库，见图 6 - 14。

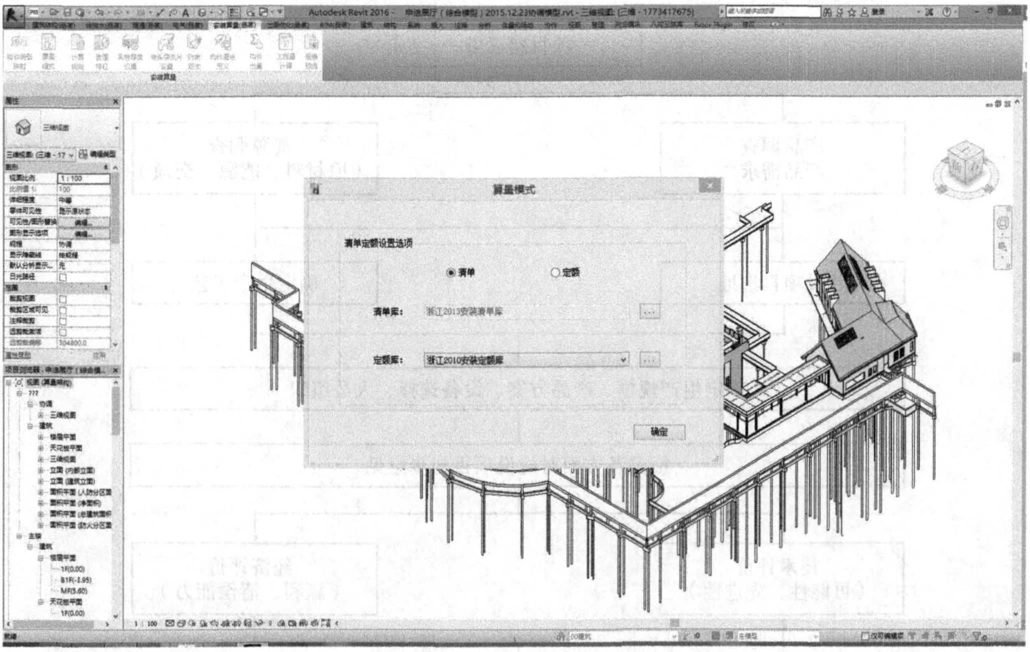

图 6-14 算量模式

6.3 工程中 BIM 造价工作各阶段工作流程及交付成果

6.3.1 BIM 在项目立项中的应用、工作流程及交付成果

1. 项目立项阶段工作及流程

项目立项的决策对工程造价的影响程度高达 80%～90%，建设项目定位的标准、建设地点的选择、工艺的评选、设备选用等，将直接关系建设项目的盈利水平，关系到投资决策的成败，在此阶段控制工程造价对建设项目的意义可想而知。

然而，在项目立项的投资决策阶段进行工程造价管理的难度是非常大的，传统造价模式下，一般通过积累基础资料和编制具体项目测算，当需要进行方案的比选时，很难找到相应的数据予以支撑；项目立项的投资决策阶段，建设项目的特征并不明确，对于产品的定位、业态划分都很不清晰，传统做法是先根据基础资料计算出各种产品的平方米综合指标，再计算工程造价；这种计算方式得出的结果是粗糙的，需要以丰富的经验进行主观判断才能辅助决策。

基于 BIM 技术可以根据不同的项目方案建立初步的建筑信息模型，BIM 数据模型的建立，结合可视化技术、虚拟建造等功能，为项目的模拟决策提供了基础，为项目立项的投资决策提供准确依据。

根据项目决策期间的工作流程(见图 6-15)，项目中在初步意见征求过后，便开始对项目的可行性以及投资做审核，模型除了在前期帮助各个部门对拟建项目有直观的概念，

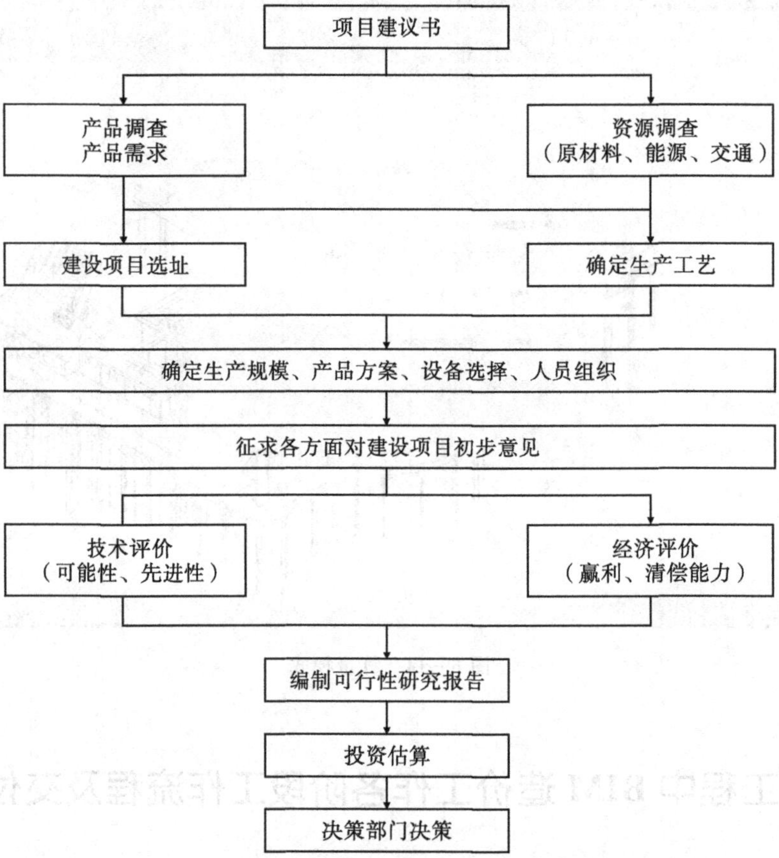

图 6-15 决策期间的工作流程

同时也在技术可行性以及投资估算中做出辅助工作，依靠 BIM 技术的三维可视化的特点，可以看清在项目中的一些具体细节，相比二维图纸有着更好的优势。

2. **项目立项阶段的 BIM 建模标准**

项目决策期间模型深度应达到表达建筑构件的初步外形轮廓，仅表达有包络性质的几何尺寸，并且尺寸数据在以后实施阶段可变更处理，达到模型的 LOD100 要求。

6.3.2 BIM 在设计阶段的应用、工作流程及交付成果

1. **设计阶段工作及流程**

(1)基于 BIM 技术的限额设计。

限额设计是按照批准的设计任务书及投资估算控制初步设计，按照批准的初步设计总概算控制施工图设计。设计人员在相应限额内，结合业主的要求及设计规范选择合适的方案。

传统设计方式下，多数项目在设计阶段很少准确地对限额设计进行评估，在工程完成后再进行评估为时已晚；同时工程经济技术指标也没有根据未来限额设计的需要进行认真的整理校对，数据积累不足。利用 BIM 模型来对比设计限额指标，一方面可以提高测

算的准确度，另外一方面可以提高测算的效率。

①设计开始前参考累积的造价指标制定合理控制额。

传统的三维设计，采用基本的线型图形文件存储和管理数据，强调的仍然是建筑图形，未形成结构化、参数化的数据，无法加载建筑构件的材料信息、价格信息，不能有效地创建房屋建筑的信息和实现对信息的计算、共享和管理。设计人员、造价人员不能实时分析和计算所涉及的设计单元的造价，并根据所得造价信息对细节设计方案进行优化调整。

企业通过历史 BIM 项目建立企业的 BIM 数据库，累积企业所有项目的历史指标，包括不同部位钢筋含量指标、混凝土含量指标、不同大类不同区域的造价指标等。参考这些指标在设计之前对设计院制定合理的限额设计目标。

②设计过程中 BIM 模型支持快速计算工程造价。

在设计过程中，利用统一的 BIM 模型和交换标准，使得各专业可以协同设计，同时模型丰富的设计指标、材料型号等信息可以指导造价软件快速及时得到造价或造价指标，及时按照限额目标进行设计修订。

③设计过程中通过 BIM 模型快速核对指标是否在可控范围内，及时纠偏。

对成本费用的实时模拟和核算使得设计人员和造价师能实时地、同步地分析和计算所涉及的设计单元的造价，并根据所得造价信息对细节设计方案进行优化调整，可以很好地实现限额设计。如图 6－16 所示。

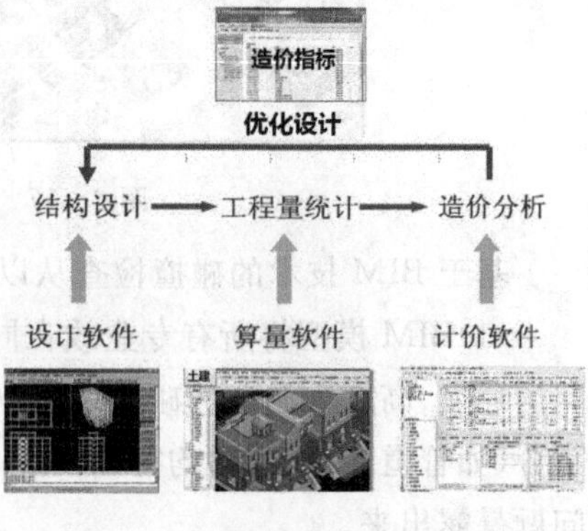

图 6－16　限额设计流程示意

④分析设计方案对投资收益的影响。

通过 BIM 模型使设计方案和投资回报分析的财务工具集成，业主就可以了解设计方案变化对项目投资收益的影响。

(2)基于 BIM 技术的设计概算。

设计概算是在设计阶段，由设计院（或造价咨询单位）依据初步设计图纸，套用概算定额，粗估出工程建设费用的一个方法。此阶段强调的是一个“图后成本”。BIM 模型集 3D 模型、工程量、成本、价格等各个工程信息和业务信息于一体，有效地解决了设计概算对设计以及后续造价的控制控制作用。

①基于 BIM 设计模型对成本费用的实时核算。建设单位、设计单位、中介咨询单位在设计阶段能够进行协同设计，根据设计进度实时出具设计阶段的成本分析，实时掌握工程建造成本。

②基于 BIM 模型进行价值工程分析。建筑师和工程师在实际建造前使用 BIM 模型信息分析和了解项目性能，并制订和评估多个设计方案，设计师轻松比较并制定更明智的可持续设计决策，有效地从项目全生命周期角度对建设项目运用价值工程进行功能分析。

③历史数据辅助计算设计概算。利用 BIM 模型信息进行计算和统计，快速分析工程量，通过关联历史 BIM 信息数据，分析造价指标，更快速准确分析设计概算，大幅提升设计概算精度。

(3)基于 BIM 技术的碰撞检查。

在建设项目实施过程中,经常会出现因为设计各专业间的不协调、建设单位与设计单位之间的不协调等问题产生设计变更,对工程造价控制造成不利影响。利用 BIM 技术,如图 6-17 所示,可以把各专业整合到统一平台,进行三维碰撞检查,可以发现大量设计错误和不合理之处,为项目造价管理提供有效支撑。BIM 设计模型能够准确地反映各专业系统的空间布局、管线走向;通过三维校审,专业冲突一览无遗,大大减少"错、碰、漏、缺"现象,设计准确度得到提高。设计师进行 BIM 三维设计很容易发现错误,修改也容易,在设计成果交付前消除设计错误可以减少设计变更,降低变更费用。

图 6-17　局部区域三维视图与平面视图

基于 BIM 技术的碰撞检查从以下几个方面优化设计,减少变更:

(1)BIM 模型将所有专业放在同一模型中,对专业协调的结果进行全面检验,专业之间的冲突、高度方向上的碰撞都可以发现。模型均按真实尺度建模,传统表达予以省略的部分(如管道保温层等)均得以展现,从而将一些看上去没问题,而实际上却存在的深层次问题暴露出来。

(2)土建及设备全专业建模并协调优化,全方位的三维模型可在任意位置剖切大样及轴测图大样,观察并调整该处管线的标高关系,避免在施工时的拆改。

(3)对管线标高进行全面精确的定位,同时以技术手段直观反映楼层净高的分布状态,轻松发现影响净高的瓶颈位置,从而优化设计,精确控制净高及吊顶高度。

(4)由于 BIM 模型已集成了各种设备管线的信息数据,因此还可以对设备管线进行精确的列表统计,部分替代设备算量的工作。

(5)现在运用 BIM 技术后,当绘制好机电系统的模型,接下来软件自动完成复杂的计算工作。模型如有变化,计算结果也会关联更新,从而为设备参数的选型提供正确的依据。

2. 设计阶段 BIM 建模标准

(1)LOD200:表达建筑构件的近似几何尺寸,能够反映物体本身大致的几何特性。主要外观尺寸数据不得变更,如有细部尺寸需要进一步明确,可在以后实施阶段补充。

(2)LOD300:表达建筑构件各组成部分的几何信息,能够真实地反映物体的实际几何形状和方向。主要构件的几何信息数据不得错误,避免因数据错误导致方案模拟、施工模拟或冲突检查等模型应用中产生误判。

6.3.3 BIM 在深化设计阶段的应用、工作流程及交付成果

1. **基于 BIM 技术的工程算量**

在招投标阶段，工程量计算是造价人员耗费时间和精力最多的重要工作。随着现代建筑造型趋向于复杂化、艺术化，手工计算工程量的难度越来越大，快速、准确地形成工程量清单成为传统造价模式的难点和瓶颈。

基于 BIM 的算量功能可以使工程量计算工作摆脱人为因素的影响，得到更加客观的数据。招标和投标各方都可以利用 BIM 模型进行工程量自动计算、统计分析，形成准确的工程量清单。建设单位或者造价咨询单位可以根据设计单位提供的富含丰富数据信息的 BIM 模型快速短时间内抽调出工程量信息，结合项目具体特征编制准确的工程量清单，有效地避免漏项和错算等情况，最大程度减少施工阶段因工程量问题而引起的纠纷。在招投标过程中，建设单位也可以将拟建项目 BIM 模型以招标文件的形式发放给投标单位，以方便施工单位利用设计模型，快速获取正确的工程量信息，与招标文件的工程量清单比较，可以制定更好的投标策略。

(1)工程量计算更准确。

基于 BIM 技术的工程量计算软件内置各种算法、规则和各地定额价格信息库。在进行基于 BIM 技术的工程预算时，模型中每一构件的构成信息和空间位置信息都精确记录，对构件交叉重叠部位的扣减和异形构件计算更科学。由于基于 BIM 技术的工程预算利用了三维模型，可视化操作大大减少漏项缺项现象。

(2)工程量统计效率更高。BIM 模型是参数化的，各类构件被赋予了尺寸、型号、材料等的约束参数，模型中的每一个构件都与现实中的实际物体一一对应，其所包含的信息是可以直接用来计算的，因此，基于 BIM 技术的算量软件能在 BIM 模型中根据构件本身的属性进行快速识别分类，工程量统计的准确率和速度上都得到很大的提高基于 BIM 技术的算量软件具有清单智能匹配功能，清单计价和套定额时能自动提取信息，实现构件与清单、定额的智能匹配。

(3)预算数据共享和积累。如图 6-18 所示，基于 BIM 技术的预算通过 IFC 数据格式复用上游 BIM 设计模型，同时还能导出 IFC 数据文件与下游的施工管理软件进行预算信息共享，打通全过程成本控制的通道。工程项目结束后，利用 BIM 模型可以对相关指标进行详细、准确的分析和抽取，并且形成电子资料，方便保存和共享。

2. **基于 BIM 技术的工程计价**

按照专业分工要求，很显然设计师在各设计阶段所绘制的 BIM 模型既不会考虑编制造价对 BIM 模型的要求，也不会仅仅把只是编制造价需要的信息放到设计的 BIM 模型中去，因此工程造价人员在承接设计的 BIM 信息模型后，依据工程造价的特征及工程量清单规范的要求，对设计 BIM 模型进行补充完善，汇总生成工程量清单，然后根据工程量清单的分项，结合市场信息价、企业定额等计算各分项的综合单价，进而计算工程的造价，

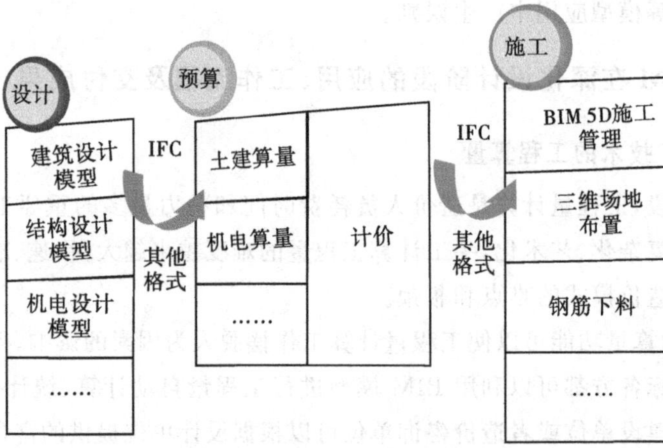

图 6-18　基于 BIM 技术的算量软件与上下游软件之间的数据共享

并将与模型有关的造价信息赋予到 BIM 模型中，最后生成工程造价 BIM 信息模型，随着合同的签订，将合同的相关要求也加载到其所对应的 BIM 模型中，后期在工程施工及竣工阶段一系列造价管理活动都将围绕这个工程造价 BIM 信息模型展开。

在确定各分项的综合单价及工程总造价时，应考虑如下趋势：

(1)企业定额将成为造价管理的基础。

工程量清单计价模式是基于"政府宏观调控、企业自主报价、市场竞争形成价格"的指导思想，与国际惯例接轨。因此，工程量清单计价应充分利用企业定额，抛开传统定额，建立直接与工程量清单项目相一致的"企业清单定额"。

第一，在消耗量方面，应能充分体现施工企业的先进或独特的技术经验和管理水平。不同的企业具有不同的技术措施、操作规程、管理水平，消耗量一定不同。即使是同一家企业，因为针对不同项目采用了不同的技术措施等，其消耗量也会不同。

第二，在人材机价格方面，应充分体现企业自主报价的指导思想，企业根据其独特的采购渠道等方面确定价格。

第三，在时效性方面，消耗量和人材机价格要随时处于动态。借助信息化技术手段来实现企业定额库的动态管理与更新。

(2)市场价格管理体系日趋完善。

首先，建立与清单配套的市场价格管理体系是有效解决清单报价的重要任务。真正实现招标人依据有关要求、统一的工程计算规则和统一的施工项目划分规定，按照施工图进行清单和投标控制价编制。投标人则完全依据现行国家和地方的有关规定，结合项目、市场、风险以及企业自身综合实力，自主进行投标报价。实现"工程定价的权力由市场说了算"，保障招投标双方及时、准确地获取市场价格，充分与国际接轨。

其次，市场价格体系的建立需要以统一的，结合清单项目特征和材料自身的特征的材料编码体系为基础，有效地解决材料信息数据的共享和可追索性。有效解决清单报价的及时有效性。

(3)配套标准体系进一步统一和完善。

完善的工程造价管理必须依托于一套完整的、具有可操作性的标准体系，并应该将其提升到国家标准的层面。这是保证工程量清单计价模式顺利实施的需要，也是充分体现市场经济体制的优势所在。

这个体系应以国家标准为龙头或主干，对工程造价的一系列形成过程和管理过程进行总体规范，并以管理标准和技术标准为两大主要分支。首先，从管理标准上对投资估算、设计概算、施工图预算、招标控制价、工程结算（含施工过程中工程计量与价款支付、合同价款调整）等不同阶段的造价管理内容的编制、审核、质量要求和成果形成作出规定并形成相应的子规范。

其次，从技术标准上再形成各类专业的工程分解与分类标准、工程计量规则、材料设备分类数据标准、造价指数分类编制标准等一系列子规范。构成完整的具有鲜明中国特色的工程造价管理标准体系。主要包括：

第一，建立基于工程项目全生命周期的工程分解与分类体系，有助于统一各阶段的造价管理数据，以及工程项目完工后的项目造价数据分析积累等；有助于消除工程建设过程中甲乙双方对预算工程、完成工程量等的不同理解；有效地指导甲乙双方在清单报价以及清单包含的工程内容（工作面）理解一致性；有效地避免招投标双方增项、漏项现行。

第二，建立建设工程人工材料设备机械数据标准，可以解决建设工程项目的全生命周期的工料机数据的统一分类及描述，实现工料机信息数据的无障碍交互及信息共享；也是实现造价全过程精细化管理的基础。

6.3.4 BIM在实施阶段的应用、工作流程及交付成果

1. 施工实施阶段工作及流程

在施工阶段需要建立满足施工要求的BIM模型，目前应用中较多的是基于BIM技术的5D施工模型，模型需要对模型添加进度、施工工艺流程、施工活动、成本等信息，为施工管理提供统一的信息平台。下面分成集成的基础信息、扩展信息两方面进行说明。

(1) BIM模型集成的基础信息。

首先，BIM模型整合各专业的3D几何模型。具体包括建筑、结构、机电、钢构、幕墙等专业模型，建筑物实体信息完整。

其次，集成进度信息。通过构件关联施工时间进度信息，就可以通过BIM模型模拟进度计划。

最后，集成预算清单信息。BIM模型构件关联合同清单以及分包清单后，就可以基于BIM模型计算预算成本从而制定成本计划。

(2)BIM模型扩展集成的信息。

基于BIM技术的5D软件是一个开发的数据集成平台，可以扩展集成更多的信息，包括合同信息（专业分包合同，劳务分包合同等）、流水段信息、图纸信息、变更信息等。

通过集成以上信息，BIM模型提供了信息的载体，与成本相关的业务信息均可关联到模型，为成本管理提供了统一的数据关系库，从而帮助实现全过程地工程造价管理。从

一开始的算量计价信息就集成在 BIM 模型中，并且随着工程的进展不断更新合同信息，以及支付信息，直到工程竣工结算，成本信息链没有割裂。在过程中能够按照不同维度(单体，楼层，专业、工作面，构件、时间段等)查询和统计进度合同、支付等信息。这样工程项目的造价管理单位能够全过程的监控项目造价合同履行情况，甚至在过程中细化到流水段上具体分包的分包合同履行情况。

2. **施工阶段 BIM 模型标准**

施工阶段模型应满足 LOD300－400 的模型要求：

(1)LOD300：表达建筑构件各组成部分的几何信息，能够真实地反映物体的实际几何形状和方向。主要构件的几何信息数据不得错误，避免因数据错误导致方案模拟、施工模拟或冲突检查等模型应用中产生误判。

(2)LOD400：表达建筑构件的几何信息和非几何信息，能够准确输出建筑构件的名称、规格、型号及相关性能指标，能够准确输出产品加工图，指导现场采购、生产、安装。

6.3.5 BIM 在竣工结算阶段的应用、工作流程及交付成果

1. **竣工结算阶段工作及流程**

建设项目工程结算关乎发承包双方的实际成本以及企业的盈利情况，是建设项目是全过程造价管理工作的重点工作。一般情况下，结算工作经常受到以下几方面因素的影响：

(1)工程实施中变更洽商处理的遗留问题：变更洽商工作内容或部位签署不明确、变更洽商办理拖延、费用减项的变更洽商未办理、变更费用确定不及时，这些遗留问题在结算过程中都需要解决，往往会影响结算的进程。

(2)争议问题难以解决：单价合同核定合同价格时、变更洽商费用计算过程中、人工材料设备价格调整过程中，均会出现争议，这些争议会影响结算工作的进程。

(3)索赔事宜影响结算：索赔事项责任方难以明确、时间节点难以确定、损失情况难以确定、索赔费用争议等问题会结算工作进程。

(4)结算资料不规范会影响结算的工作进程。

2. **竣工阶段的 BIM 模型标准**

竣工模型交付阶段模型应满足 LOD400－500 的模型要求：

(1)LOD400：表达建筑构件的几何信息和非几何信息，能够准确输出建筑构件的名称、规格、型号及相关性能指标，能够准确输出产品加工图，指导现场采购、生产、安装。

(2)LOD500：全面表达工程项目竣工交付真实状况的信息模型，应包含全面的、完整的建筑构件参数和属性。

3. **竣工结算的数据要求**

竣工结算，在前面四个阶段所产生的数据，全部汇总至竣工结算阶段，此时需要梳理出有助于辅助竣工结算的参数，根据相应的需求提取。

附 录

附表1 合同参数表

序号	专业	第一类别	第二类别	合同名称	定向RVT中的参数	RVT中参数位置	备注
1	土建	土建结构	一结构	（工程名）工程一结构	合同名称/编号材料公司名称	土建组织浏览器中的每一个平面视图属性参数中	包含了所有的混凝土工程，可以分解为±0.00以上、以下
2			二结构	（工程名）工程二结构	合同名称/编号材料公司名称		砌筑工程及其他
3		地基基础	桩基础	（工程名）工程桩基专业分包合同	合同名称/编号		
4		基坑及维护	土方工程	（工程名）工程基坑围护专业分包合同			模型中存在的情况下标注
5			土方围护及支撑系统				
6			降水系统				
7		钢结构		（工程名）工程钢结构专业分包合同	合同名称/编号专业分包公司名称		
8		屋面防水保温	防水及屋面防水系统	（工程名）工程防水保温及屋面工程专业分包合同	合同名称/编号防水形式		
9			保温工程及防腐工程		合同名称/编号		
10		门窗工程		（工程名）工程成品门窗加工及安装专业分包合同	合同名称/编号供货单位、安装单位	每个窗户构件的类型属性中	

续表

序号	专业	第一类别	第二类别	合同名称	定向RVT中的参数	RVT中参数位置	备注
11	机电安装	给排水工程		(工程名)工程给排水工程分包合同	合同名称/编号	安装组织浏览器中的每一个平面视图属性参数中	
12		强弱电工程	强电	(工程名)工程电气安装工程分包合同			
13			弱电	(工程名)工程弱电专业分包合同			
14		暖通工程	空调设备	(工程名)工程空调设备材料采购合同			
15			空调安装	(工程名)工程暖通管道及设备安装合同			
16		消防工程		(工程名)工程消防工程专业分包合同			
17		设备		(工程名)工程设备材料采购合同	合同名称/编号设备名称、供货单位、规格型号	安装组织浏览器中的每一个平面视图属性参数中； 具体每个设备参数中	
18	装饰	装饰工程	楼地面装饰工程	(工程名)工程装饰装修工程分包合同	合同名称/编号	装饰组织浏览器中的每一个平面视图属性参数中	
19			墙面装饰工程	(工程名)工程幕墙专业分包合同			
20		幕墙工程		(工程名)工程天棚专业分包合同	合同名称/编号 专业分包公司名称		
21		天棚工程					
22		膜结构工程		(工程名)工程膜结构专业分包合同			
23		室外总体		室外总体雨污水井	(工程名)工程室外总体窨井制作、安装分包合同	合同名称/编号 专业分包公司名称	室外总体组织浏览器中的每一个平面视图属性参数中
24				室外管线及工艺管道工程	(工程名)工程室外总体综合管线分包合同		
25				园林景观	(工程名)工程景观绿化专业分包合同		

附表 2　土建工程清单对应模型构件注释表

序号	清单项	模型构件	包含类型	清单计算规则	计量单位	注意项	计量单位	修改模型程度	模型出量准确性	如何辅助快速手工算量/优势	备　注
1	基础土石方	墙或板	场地平整	按底层建筑面积计（定额为边线向外外扩两米所形成边线）	M2	按照图纸红线或者其他范围进行模型绘制	M2	简单修改可出量	准确		
2			开挖	按基础底面积乘以开挖深度计。（13 清单中规定按各地方规定考虑放坡及工作面）（定额需计算工作面及放坡）	M3	对应图纸尺寸进行构件绘制，按 M3 来计算	M3	简单修改可出量	准确	可快速知晓条形基础长度	放坡、边坡维护在定额中会有体现，在清单中不单列
3			回填	按开挖体积扣除基础实体体积	M3	在开挖构件中加入回填数量，需要注意每种图纸会有对应不同的紧固系数	M3		准确	已知开挖工程量，扣减已知实体基础工程量	禁锢系数适用于估算期间，后续可以在模型参数中加入实际回填数量
4			外运	按基础实体体积计	M3	开挖-回填数	M3		准确	已知实体基础工程量	需要有特殊算法的另加
5	桩	桩	预制桩	以图示尺寸，按长度、体积、根数计算	M、M3、根	按照根数或者 M 数	M、M3、根	无需修改	准确	可快速筛选不同形式相同做法的桩根数	按照设计图纸或者规范接桩/凿桩，定额与清单不同，需要注意区分计算方式，如果需要另加算法
6			灌注桩	以图示尺寸，按长度、体积、根数计算	M、M3、根	按照根数或者 M 数	M、M3、根	无需修改	准确	可快速筛选不同形式相同做法的桩根数	按照设计图纸或者规范截桩/凿桩，定额与清单不同，需要注意区分计算方式，如果需要另加算法

续表

序号	清单项	模型构件	包含类型	清单计算规则	计量单位	注意项	计量单位	修改模型程度	模型出量准确性	如何辅助快速手工算量/优势	备注
7	边坡维护	墙、各类特殊族	地下连续墙	按图示中心线长度乘以墙厚及墙高	M3	按图纸实际尺寸布置，以M通长为计量单位	M	无需修改		可以快速得知墙长	
8			钢板桩	按图示中心线长度乘以高	吨、M2	按图纸实际尺寸布置，以M通长为计量单位	M	无需修改		可以快速得知板长	其余需要的工作平台问题，另外支撑
11	砌筑工程	墙、各类特殊族	砌筑基础	按图示中心线长度乘以墙厚及墙高，其中大放脚按截面积增加或折加至高度中计算	M3	按照图纸尺寸建立基础族，按照M3计算	M3	简单修改可出量	准确	可以快速得知墙长，大放脚形式，及埋深	砌筑基础，放大脚情况分为等边以及不等边两种，需要设置计算基数截面积×长×高
12			砖墙	按图示中心线长度乘以墙厚及墙高。高度按砌砖高度计。	M3	按照图纸实际尺寸建模，按照M3计算，窗、门以及预留洞口画出即可	M3	简单修改可出量	准确	可以快速得知墙长以及已扣除洞口后体积，可手动扣除圈梁、过量及构造柱	过窗、门梁会在窗族中加入尺寸后从总体积里扣除
13	垫层（倒渣）	墙或板	道渣垫层	按垫层底面积乘以垫层高度计	M3	在开挖构建中填写相应厚度后计算	M3	无需修改	准确	可快速得到体积	
14	混凝土基础	板	现浇混凝土基础	按图示体积计算。独立基础按基础底面积乘以基础高度计。条形基础按基础中心线长度乘以基础宽度及高度计。筏板基础按筏板面积乘以基础高度计	M3	无需变化，直接出量	M3	简单修改可出量	准确	可快速得到体积	

续表

序号	清单项	模型构件	包含类型	清单计算规则	计量单位	注意项	计量单位	修改模型程度	模型出量准确性	如何辅助快速手工算量/优势	备注
15	柱	柱	现浇混凝土柱	按图示体积计算。高度以基础顶面至结构板顶。（如遇预制板至板底）	M3	基础上柱按照基础顶面绘制到板底（预制板除外）	M3	简单修改可出量	准确（不包括构造柱）	可快速得到体积	如有特殊另行输入计算参数
16	梁	梁	现浇混凝土梁	按图示体积计算。梁高从梁底算至版面。梁长以框架柱间距离计。	M3	按照柱表绘制，布置在柱里侧，禁止伸入柱中	M3	简单修改可出量	准确	可快速得到体积	梁需要扣除楼板建模所重叠的部分，如果遇到梁交接两处板厚度不同的情况，厚板延伸至整个梁上边，扣除依旧按照厚的板进行扣除
17	楼梯	楼梯	现浇混凝土楼梯	按图示面积、体积计算。（定额中按体积计算）	M3、M2	按照图纸绘制，按投影面积计量或者体积	M3、M2	简单修改可出量	准确	可快速得到体积	
18	板	板	现浇混凝土板	按图示体积计算。有梁板时，板按板投影面积乘以厚度，加板下梁体积计算。板与梁分项目计算式，板需按梁内侧所围面积乘以板厚计算	M3	按照图纸绘制，按 M3 计量	M3	修改可出量	较精准		梁需要扣除楼板建模所重叠的部分，如果遇到梁交接两处板厚度不同的情况，厚板延伸至整个梁上边，扣除依旧按照厚的板进行扣除
19		钢结构/金属结构	主次钢结构	按图示尺寸乘以钢密度计。	吨	以 TKELA 为主要建模手段，按照图纸精确建模	吨	简单修改可出量	准确		

续表

序号	清单项	模型构件	包含类型	清单计算规则	计量单位	注意项	计量单位	修改模型程度	模型出量准确性	如何辅助快速手工算量/优势	备注
20				螺栓按套计	套	以TKELA为主要建模手段,按照图纸精确建模	套	简单修改可出量	准确		
21		门窗工程	各类门窗	按图示门窗洞口面积计。(定额按成品门计是按樘计算,现场制作需考虑门框及门扇)	M2	按照图纸尺寸绘制族	M2、樘	无需修改	准确		
22		防水工程		按图示面积计。翻口部分计入地面或屋面防水	M2	按图纸实际在墙分层中绘制		修改可出量	平面部分准确	需手工修改计算式加入上翻部分。	
23		保温工程		按图示面积计	M2	按图纸实际在墙分层中绘制		无需修改	准确		
24		装饰工程		按图示长度/面积/体积计	M、M2、M3			简单修改可出量	准确		界面划分清晰的情况下,工程量准确。
25		措施费项	模板	按与混凝土接触面面积计	M2	按照需要所需要统计的构件统计需要支撑模板的面积					
26			脚手架	按搭设面积计算	M2	按照需要所需要统计的构件统计需要支撑模板的面积					

附表3　机电工程清单对应模型构件注释表

序号	清单项	模型构件	包含类型	清单计算规则	计量单位	注意项	计量单位	修改模型程度	模型出量准确性	如何辅助快速手工算量/优势	备　注
1	风管	风管管道	风管	以图示尺寸,按长度、尺寸计算	M	按图纸实际尺寸绘制,以M通长为计量单位	M	无需修改	准确	可快速得到各尺寸下的管道长度	
2			风管软管	以图示尺寸,按长度、尺寸计算	M	按图纸实际尺寸绘制,以M通长为计量单位	M	无需修改	准确	可快速得到各尺寸下的管道长度	
3		风管配件	风管弯头	以图示尺寸,按尺寸、数量计算	个	按照尺寸、数量计算	个	无需修改	准确	可快速得到各尺寸下的配件数量	需要明确风管附件、配件的弯曲半径
4			风管三通	以图示尺寸,按尺寸、数量计算	个	按照尺寸、数量计算	个	无需修改	准确	可快速得到各尺寸下的配件数量	需要明确风管附件、配件的弯曲半径
5			风管四通	以图示尺寸,按尺寸、数量计算	个	按照尺寸、数量计算	个	无需修改	准确	可快速得到各尺寸下的配件数量	需要明确风管附件、配件的弯曲半径
6			风管变径	以图示尺寸,按尺寸、数量计算	个	按照尺寸、数量计算	个	无需修改	准确	可快速得到各尺寸下的配件数量	需要明确风管附件、配件的弯曲半径
7			天方地圆	以图示尺寸,按尺寸、数量计算	个	按照尺寸、数量计算	个	无需修改	准确	可快速得到各尺寸下的配件数量	需要明确配件角度
8		风管附件	防火阀	以图示尺寸,按尺寸、数量计算	个	按照尺寸、数量计算	个	无需修改	准确	可快速得到各尺寸下的附件数量	
9			调节阀	以图示尺寸,按尺寸、数量计算	个	按照尺寸、数量计算	个	无需修改	准确	可快速得到各尺寸下的附件数量	

续表

序号	清单项	模型构件	包含类型	清单计算规则	计量单位	注意项	计量单位	修改模型程度	模型出量准确性	如何辅助快速手工算量/优势	备注
10			消声器	以图示尺寸,按尺寸、数量计算	个	按照尺寸、数量计算	个	无需修改	准确	可快速得到各尺寸下的附件数量	
11			软接	以图示尺寸,按尺寸、数量计算	个	按照尺寸、数量计算	个	无需修改	准确	可快速得到各尺寸下的附件数量	
12		风道末端	散流器	以图示尺寸,按尺寸、数量计算	个	按照尺寸、数量计算	个	无需修改	准确	可快速得到各尺寸下的末端数量	
13			条形风口	以图示尺寸,按尺寸、数量计算	个	按照尺寸、数量计算	个	无需修改	准确	可快速得到各尺寸下的末端数量	
14			百叶风口	以图示尺寸,按尺寸、数量计算	个	按照尺寸、数量计算	个	无需修改	准确	可快速得到各尺寸下的末端数量	
18	水管	水管管道	水管	以图示尺寸,按长度、尺寸计算	M	按图纸实际尺寸绘制,以M通长为计量单位	M	无需修改	准确	可快速得到各尺寸下的管道长度	
19			水管软管	以图示尺寸,按长度、尺寸计算	M	按图纸实际尺寸绘制,以M通长为计量单位	M	无需修改	准确	可快速得到各尺寸下的管道长度	
20		水管配件	水管弯头	以图示尺寸,按尺寸、数量计算	个	按照尺寸、数量计算	个	无需修改	准确	可快速得到各尺寸下的配件数量	需要明确水管附件、配件的弯曲半径
21			水管三通	以图示尺寸,按尺寸、数量计算	个	按照尺寸、数量计算	个	无需修改	准确	可快速得到各尺寸下的配件数量	

续表

序号	清单项	模型构件	包含类型	清单计算规则	计量单位	注意项	计量单位	修改模型程度	模型出量准确性	如何辅助快速手工算量/优势	备注
22			水管四通	以图示尺寸,按尺寸、数量计算	个	按照尺寸、数量计算	个	无需修改	准确	可快速得到各尺寸下的配件数量	
23			水管变径	以图示尺寸,按尺寸、数量计算	个	按照尺寸、数量计算	个	无需修改	准确	可快速得到各尺寸下的配件数量	
24			水管封堵	以图示尺寸,按尺寸、数量计算	个	按照尺寸、数量计算	个	无需修改	准确	可快速得到各尺寸下的配件数量	
25		水管附件	阀门	以图示尺寸,按尺寸、数量计算	个	按照尺寸、数量计算	个	无需修改	准确	可快速得到各尺寸下的附件数量	
26			过滤器	以图示尺寸,按尺寸、数量计算	个	按照尺寸、数量计算	个	无需修改	准确	可快速得到各尺寸下的附件数量	
27			压力表	以图示尺寸,按尺寸、数量计算	个	按照数量计算	个	无需修改	准确	可快速得到各尺寸下的附件数量	
28			温度计	以图示尺寸,按尺寸、数量计算	个	按照数量计算	个	无需修改	准确	可快速得到各尺寸下的附件数量	
29			存水弯	以图示尺寸,按尺寸、数量计算	个	按照数量计算	个	无需修改	准确	可快速得到各尺寸下的附件数量	
30			水表	以图示尺寸,按尺寸、数量计算	个	按照数量计算	个	无需修改	准确	可快速得到各尺寸下的附件数量	
31			软接	以图示尺寸,按尺寸、数量计算	个	按照尺寸、数量计算	个	无需修改	准确	可快速得到各尺寸下的附件数量	

续表

序号	清单项	模型构件	包含类型	清单计算规则	计量单位	注意项	计量单位	修改模型程度	模型出量准确性	如何辅助快速手工算量/优势	备注
32		水管末端	喷头	以图示尺寸,按尺寸、数量计算	个	按照数量计算	个	无需修改	准确	可快速得到各尺寸下的末端数量	
33			地漏	以图示尺寸,按尺寸、数量计算	个	按照尺寸、数量计算	个	无需修改	准确	可快速得到各尺寸下的末端数量	
34			水泵接合器	以图示尺寸,按尺寸、数量计算	组	按照尺寸、数量计算	组	无需修改	准确	可快速得到各尺寸下的末端数量	
36	电气	电缆桥架	槽式桥架	以图示尺寸,按长度、尺寸计算	M	按图纸实际尺寸绘制,以M通长为计量单位	M	简单修改可出量	准确	可快速得到各尺寸下的桥架长度	需要明确桥架弯头、配件的加工形式,使用成平构件还是现场加工
37			梯式桥架	以图示尺寸,按长度、尺寸计算	M	按图纸实际尺寸绘制,以M通长为计量单位	M	简单修改可出量	准确	可快速得到各尺寸下的桥架长度	需要明确桥架弯头、配件的加工形式,使用成平构件还是现场加工
38			封闭母线槽	以图示尺寸,按长度、尺寸计算	M	按图纸实际尺寸绘制,以M通长为计量单位	M	简单修改可出量	准确	可快速得到各尺寸下的母线长度	需要明确桥架弯头、配件的加工形式,使用成平构件还是现场加工
39		电缆桥架配件	槽式桥架弯头	以图示尺寸,按尺寸、数量计算	个	按照尺寸、数量计算	个	简单修改可出量	准确	可快速得到各尺寸下的配件数量	需要明确桥架弯头、配件的加工形式,使用成平构件还是现场加工

续表

序号	清单项	模型构件	包含类型	清单计算规则	计量单位	注意项	计量单位	修改模型程度	模型出量准确性	如何辅助快速手工算量/优势	备注
40			槽式桥架三通	以图示尺寸,按尺寸、数量计算	个	按照尺寸、数量计算	个	简单修改可出量	准确	可快速得到各尺寸下的配件数量	需要明确桥架弯头、配件的加工形式,使用成平构件还是现场加工
41			槽式桥架四通	以图示尺寸,按尺寸、数量计算	个	按照尺寸、数量计算	个	简单修改可出量	准确	可快速得到各尺寸下的配件数量	需要明确桥架弯头、配件的加工形式,使用成平构件还是现场加工
42			槽式桥架凸弯通	以图示尺寸,按尺寸、数量计算	个	按照尺寸、数量计算	个	简单修改可出量	准确	可快速得到各尺寸下的配件数量	需要明确桥架弯头、配件的加工形式,使用成平构件还是现场加工
43			槽式桥架凹弯通	以图示尺寸,按尺寸、数量计算	个	按照尺寸、数量计算	个	简单修改可出量	准确	可快速得到各尺寸下的配件数量	需要明确桥架弯头、配件的加工形式,使用成平构件还是现场加工
44			槽式桥架变径	以图示尺寸,按尺寸、数量计算	个	按照尺寸、数量计算	个	简单修改可出量	准确	可快速得到各尺寸下的配件数量	需要明确桥架弯头、配件的加工形式,使用成平构件还是现场加工
45			槽式桥架三通向下开口	以图示尺寸,按尺寸、数量计算	个	按照尺寸、数量计算	个	简单修改可出量	准确	可快速得到各尺寸下的配件数量	需要明确桥架弯头、配件的加工形式,使用成平构件还是现场加工

续表

序号	清单项	模型构件	包含类型	清单计算规则	计量单位	注意项	计量单位	修改模型程度	模型出量准确性	如何辅助快速手工算量/优势	备注
46			梯式桥架弯头	以图示尺寸,按尺寸、数量计算	个	按照尺寸、数量计算	个	简单修改可出量	准确	可快速得到各尺寸下的配件数量	需要明确桥架弯头、配件的加工形式,使用成平构件还是现场加工
47			梯式桥架三通	以图示尺寸,按尺寸、数量计算	个	按照尺寸、数量计算	个	简单修改可出量	准确	可快速得到各尺寸下的配件数量	需要明确桥架弯头、配件的加工形式,使用成平构件还是现场加工
48			梯式桥架四通	以图示尺寸,按尺寸、数量计算	个	按照尺寸、数量计算	个	简单修改可出量	准确	可快速得到各尺寸下的配件数量	需要明确桥架弯头、配件的加工形式,使用成平构件还是现场加工
49			梯式桥架凸弯通	以图示尺寸,按尺寸、数量计算	个	按照尺寸、数量计算	个	简单修改可出量	准确	可快速得到各尺寸下的配件数量	需要明确桥架弯头、配件的加工形式,使用成平构件还是现场加工
50			梯式桥架凹弯通	以图示尺寸,按尺寸、数量计算	个	按照尺寸、数量计算	个	简单修改可出量	准确	可快速得到各尺寸下的配件数量	需要明确桥架弯头、配件的加工形式,使用成平构件还是现场加工
51			梯式桥架变径	以图示尺寸,按尺寸、数量计算	个	按照尺寸、数量计算	个	简单修改可出量	准确	可快速得到各尺寸下的配件数量	需要明确桥架弯头、配件的加工形式,使用成平构件还是现场加工

续表

序号	清单项	模型构件	包含类型	清单计算规则	计量单位	注意项	计量单位	修改模型程度	模型出量准确性	如何辅助快速手工算量/优势	备注
52			封闭母线槽弯头	以图示尺寸,按尺寸、数量计算	个	按照尺寸、数量计算	个	简单修改可出量	准确	可快速得到各尺寸下的配件数量	需要明确桥架弯头、配件的加工形式,使用成平构件还是现场加工
		末端	烟感	以图示尺寸,按数量计算	个	按照数量计算	个	无需修改	准确	可快速得到各尺寸下的末端数量	
			温感	以图示尺寸,按数量计算	个	按照数量计算	个	无需修改	准确	可快速得到各尺寸下的末端数量	
			插座	以图示尺寸,按数量计算	个	按照数量计算	个	无需修改	准确	可快速得到各尺寸下的末端数量	
			灯具	以图示尺寸,按数量计算	个	按照数量计算	个	无需修改	准确	可快速得到各尺寸下的末端数量	
			开关	以图示尺寸,按数量计算	个	按照数量计算	个	无需修改	准确	可快速得到各尺寸下的末端数量	
	设备	机械设备	风机	以图示尺寸,按数量计算	台	按照设备各参数、型号、数量计算	台	无需修改	准确	可快速得到设备数量	
			空调箱	以图示尺寸,按数量计算	台	按照设备各参数、型号、数量计算	台	无需修改	准确	可快速得到设备数量	
			分体式空调	以图示尺寸,按数量计算	组	按照设备各参数、型号、数量计算	组	无需修改	准确	可快速得到设备数量	

续表

序号	清单项	模型构件	包含类型	清单计算规则	计量单位	注意项	计量单位	修改模型程度	模型出量准确性	如何辅助快速手工算量/优势	备注
			水泵	以图示尺寸，按数量计算	个	按照设备各参数、型号、数量计算	个	无需修改	准确	可快速得到设备数量	
			板式换热机组	以图示尺寸，按数量计算	个	按照设备各参数、型号、数量计算	个	无需修改	准确	可快速得到设备数量	
			分集水器	以图示尺寸，按数量计算	个	按照设备各参数、型号、数量计算	个	无需修改	准确	可快速得到设备数量	
			冷水机组	以图示尺寸，按数量计算	个	按照设备各参数、型号、数量计算	个	无需修改	准确	可快速得到设备数量	
			锅炉	以图示尺寸，按数量计算	个	按照设备各参数、型号、数量计算	个	无需修改	准确	可快速得到设备数量	
			水箱	以图示尺寸，按数量计算	个	按照设备各参数、型号、数量计算	个	无需修改	准确	可快速得到设备数量	
			气体灭火装置	以图示尺寸，按数量计算	组	按照设备各参数、型号、数量计算	组	无需修改	准确	可快速得到设备数量	
			加药装置	以图示尺寸，按数量计算	组	按照设备各参数、型号、数量计算	组	无需修改	准确	可快速得到设备数量	
			配电箱	以图示尺寸，按数量计算	个	按照设备各参数、型号、数量计算	个	无需修改	准确	可快速得到设备数量	
			消火栓箱	以图示尺寸，按数量计算	个	按照设备各参数、型号、数量计算	个	无需修改	准确	可快速得到设备数量	